THE LANDSCAPE TEACHING AND PRACTICE SERIES

景观教学与实践丛书

城市广场设计

URBAN PLAZA DESIGN

编著 文增著

辽宁美术出版社

图书在版编目（CIP）数据

城市广场设计／文增著编著. -- 沈阳：辽宁美术出版社，2014.5（2018.11重印）
（景观教学与实践丛书）
ISBN 978-7-5314-6099-2

Ⅰ. ①城… Ⅱ. ①文… Ⅲ. ①广场-城市规划-建筑设计 Ⅳ. ①TU984.18

中国版本图书馆CIP数据核字(2014)第090528号

出 版 者：辽宁美术出版社
地　　址：沈阳市和平区民族北街29号　邮编：110001
发 行 者：辽宁美术出版社
印 刷 者：辽宁一诺广告印务有限公司
开　　本：889mm×1194mm　1/16
印　　张：13
字　　数：160千字
出版时间：2014年5月第1版
印刷时间：2018年11月第4次印刷
责任编辑：苍晓东
封面设计：范文南　洪小冬
版式设计：张　韧
技术编辑：鲁　浪
责任校对：李　昂
ISBN 978-7-5314-6099-2

定　　价：78.00元

邮购部电话：024-83833008
E-mail:lnmscbs@163.com
http://www.lnmscbs.com
图书如有印装质量问题请与出版部联系调换
出版部电话：024-23835227

序　言

2l 世纪大学在人才培养的专业要求上，首先要有扎实的专业知识与技能、较宽的知识面、较强的综合实践能力以及创新能力，这也是人才培养的共性的普遍原则。《21 世纪环境艺术设计教程》就是本着这一原则而编写完成的。该套教程是我院环境艺术系建系十余年来的教学、科研及设计实践的成果展示。为了此套教程的出版，编委会成员均由该系的骨干力量组成，每册教材的编著者均由在教学、科研、设计实践中业绩突出、享誉国内外的优秀教师担当。该教程融设计基础理论、设计实践为一体，堪称当今环境艺术专业具有一定权威性的教材。

该教程主要有以下几个特点：

一是前沿性，该教程十分注重设计学科的前沿性。进入 2l 世纪就意味着进入了经济全球化与知识经济化时代，各行各业都要与国际接轨，都面临竞争与挑战，为适应社会高速发展的需要，该教程的结构与内容一改传统的“工艺美术”教学模式，十分注重科技含量，以及高新技术的应用等。

二是教研性，环境艺术设计专业的教育有其自身的规律和特点，强调课程体系的结构化、科学化、综合性，还要求在某一点上有一定的专精深度。本着这一特点编写该教程，编委会主要成员一方面走访了国内外知名院校，对专业教学进行了深入调研，另一方面总结多年来的教学经验，力求在本教程中推出新的教学、科研成果，使专业基础与设计课的教学内容更新，并在多元化教学方法上作了大胆的尝试。有针对性的培养学生适应实战要求，采取课题式的教学方法，逐步深化环境艺术专业教学内涵，使之适应现代专业人才的培养。该教程中的部分教学成果曾在全国性艺术设计教育教学研讨会上作过交流，受到专家们的一致好评，被公认为具有教学理念新、有深度、适应性强等特点。

三是实践性，现代设计学科要注重成果转化，走教学、科研、开发一体化之路。设计学科作为应用学科要想得到大的发展，就必须与社会的发展、与经济生活紧密对接，如得不到实践的检验，只是符合了审美要求，这不是完整意义上的设计，不利于人才的培养，很难作到学以致用。近些年来该系在教学上注重理论联系实际，带领学生进行了大量的社会实践，在培养有实践能力和创新能力的设计人才方面下了很大功夫，成绩显著。该教程突出这一特点，功不可没。

此教程将环境艺术专业基础理论体系、专业设计基础和专业设计实践三大部分，以全面、系统的系列教程形式出版，编著者们付出了大量的心血，做了大量的工作，收集了上万张教学经典作品和教学图片资料，力求每册书的内容丰富，结构完整、系统、科学、资料翔实，体现时代精神。在我国艺术设计学科教育中，环境艺术专业仅有十余年的发展历程，它的成长、成型、成熟和稳定还需全国同仁共同努力。这套专业教程的出版，毕竟是国内“第一套”，也许还有不尽人意之处，它的许多地方还有待补充、完善，都是勿须讳言的。好在我国经济建设的飞速发展促成了重视教育、培养人才的大好时机。环境艺术专业高规格人才的培养成为当务之急。该教程的出版将对环境艺术教育事业的发展起到促进作用，这也正是此教程的出版宗旨。希望专家、学者、读者能多多赐教以便该教程再版时改正、完善，我们将十分感谢。

鲁迅美术学院院长 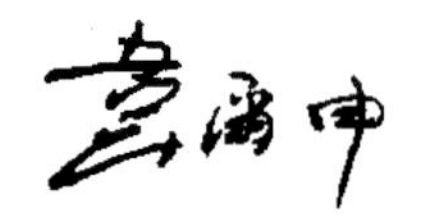

作者简介

文增著　一九八二年七月毕业于鲁迅美术学院装潢设计系。现为鲁迅美术学院环境艺术系教授，副主任。中国室内设计学会会员、中国包装设计技术协会会员、辽宁美术家协会会员。

讲授立体构成、城市广场设计等课程。主要著作有《电脑美术与实践》（黑龙江美术出版社出版）、《美术设计师手册》装潢卷（合编　黑龙江美术出版社出版）、《环境设计师手册》（副主编　辽宁美术出版社出版）、《立体构成》（辽宁美术出版社出版）。

主要设计作品“气壮山河”景观设计，分别获首届中国环境艺术设计展银奖和第十届全国美术作品展设计类铜奖。

目录

绪　论

城市的发展离不开城市广场，因为城市广场在城市中具有特殊的地位，它既是城市对外开放的窗口，又是城市整体形象及面貌的客观反映。现代社会正在由工业文明向生态文明高速地转化着，可持续发展思想在世界范围内得到共识，已成为各国发展决策的理论基础。因此，在这一背景下，城市广场设计的成功与否，直接关系到城市整体形象的提升和城市现代化、国际化的发展进程。所以，对城市广场设计这一课题的探讨与研究显得尤为重要。

本人编写此书基于两方面考虑,一方面是我国城市广场设计目前还存在着许多不尽如人意的地方,往往表现为：城市规划设计、建筑设计、环境艺术设计三者之间各唱各的戏，相互冲突。笔者认为城市广场设计是一综合的系统工程，它不仅包括城市规划、建筑设计和环境艺术设计，而且还包含了环境行为心理学、人机工程学及环境保护等自然科学和社会科学涉及的所有研究领域。另一方面,此书尝试打破传统的教学方法,通过从理论到实践,从启发式到讨论式的一整套循序渐进的教学方法，培养学生的设计思维方法以及观察事物的准确性,如何发现问题和解决问题的办法,使学生毕业后能够独立胜任实际工作,成为国家优秀的复合型设计人才。基于此，本人力求将与城市广场设计相关的学科联系起来，从整体角度进行研究并结合课堂教学讲义，整理和收集了大量的学生作业，根据实践经验，以现代环境科学研究成果为指导，对城市广场设计进行了总结和探讨，希望以此能整理编写出一本体系相对科学完整、内容较为丰富翔实的城市广场设计教学参考书。

该书共分为六章，其中第三、四、五章是全书的重点。第三章和第四章着重阐述了城市广场设计和城市广场客观要素设计的基本原理，有助于学生按照正确的理论进行广场设计。第五章是根据教学实践，以理论讲授、课堂教学要求、教学计划及学生作业——从草稿到完成的整体过程为依据而编写。希望通过推出这一新的教学方法，起到抛砖引玉的作用，能够对广大读者有所帮助。第六章是结合国内外广场设计的实例,对城市广场空间设计的特点进行分析和总结，着力讲述如何才能更好地创造理想的广场空间，最终实现城市广场设计与所处环境的和谐统一。在此值得一提的是，历届环境艺术系本科学生经过在校努力学习，均给此书留下了勤勉的作业。另外，还要感谢文蕾同学为本书拍摄了大量国外城市广场照片，并帮助绘制插图、整理图片等。对辽宁美术出版社的关心和支持也深表谢意。

因时间仓促和学识有限，难免有片面与不当之处，望多多谅解。

第一章
城市广场的定义与分类

本章要点

- 广场的起源及定义
- 广场的分类
- 广场的性质
- 广场的组成形式

第1节 广场的起源及定义

欧洲“广场”源于古希腊，最初广场的出现,是由各种建筑物围合而成的一块空旷的场地或是一段宽敞的街道。据史料介绍：广场应始于公元前5世纪，成型于公元前2世纪前后。当时广场的功能主要是人们进行集会和商品交易，其形式较杂乱，很不规则。此后，经过逐渐演变为城市生活中心，成为人们当时进行约会、交友、辩论、集会的场地，同时也是体育、节庆、戏剧、诗歌、演说等比赛的舞台。广场成为当时城市的象征。

如著名的雅典卫城，其形式顺自然地形演变而成，呈不规则形。在功能上，是当时的市政机构向公民宣读政令、公告和公民集聚议论政事的场所，也是人们从事商品交换的集市。

由于历史和文化背景的不同，我国古代城市广场与欧洲城市传统意义上的那种称为“市民中心”的城市广场有很明显的区别。我国古代城市广场的起源可追溯到原始社会，如半坡村人将小型住宅沿着圆圈密集排列形成一块中间空地，即广场的雏形。

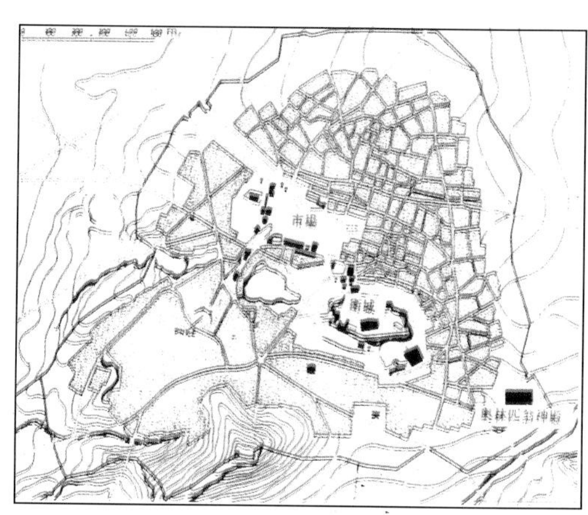

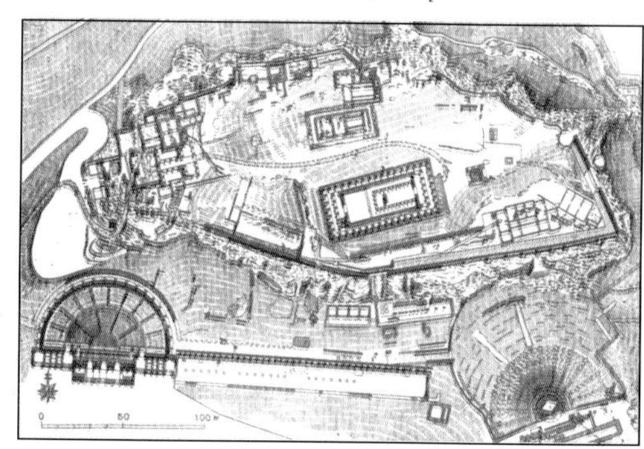

雅典卫城平面图

我国原始社会半坡村部落

雅典卫城

第2节　城市广场的分类

一、按广场性质和功能分类

按照城市广场的性质可分为：集会游行广场、纪念广场、休闲广场、交通广场和商业广场等。但这种分类是相对的，现代城市广场许多是多功能复合型广场。

1.集会游行广场

早在古希腊时期就出现了集会游行广场，例如，古希腊的纪念性神庙建筑和雅典卫城，既是祭祀神灵的殿堂，又是公共集会的场所。再例如，古希腊的政治集会广场阿戈拉和意大利罗马集会广场，构成了古代都市政治、经济、宗教活动的中心，国民可以在此参加游行集会、发表演说等活动。阿戈拉广场由许多与建筑物相连的柱廊环抱形成四边形，是世界闻名的古建筑环境之一。

集会游行广场，一般位于城市主要干道的交会点或尽端，便于人们方便到达。广场周围大多布置公共建筑，除了为集会、游行和庆典提供场地外，也兼有为人们提供旅游、休闲等活动的空间。平时又可起到组织城市交通的作用并与城市主干道相连，满足人流集散需要。但一般不可通行货运交通、设摊位进行商品交易，以避免影响交通和噪音污染。广场上通常设绿地，种植草坪、花坛，形成整齐、优雅、宽旷的环境。例如北京天安门广场、苏联莫斯科红场。

1. 天安门
2. 毛主席纪念堂
3. 人民英雄纪念碑
4. 人民大会堂
5. 革命历史博物馆
6. 正阳门
7. 箭楼

北京天安门广场平面图

宽敞开阔的某市政广场

苏联莫斯科红场

ENVIRONMENTAL DESIGN

2.纪念广场

从文艺复兴盛期到巴洛克风格晚期（16 世纪至 18 世纪），对广场的观念和广场的建造有了根本性的改变。这时期，广场的修建充分体现了君权主义的建筑思想，表达了对君主专制政权的服从，广场成为统治者个人歌功颂德的场地，纪念广场得以发展。历史上的城市纪念广场，可以说一开始就是当权者控制的舞台，同时这个舞台也真实地记录了一个城市的政治与社会变迁的历史。现代城市的纪念广场多以历史文化遗址、纪念性建筑为主，或在广场中心建立纪念物，如纪念碑、纪念塔、纪念馆、人物雕塑等，供人们缅怀历史事件和历史人物。纪念广场因其性质决定，从而必须保持环境幽静，所以，选址应考虑尽量避开喧闹繁华的商业区或其他干扰源。纪念广场一般宜采用规整形，应有足够的面积和合理的交通，与城市主干道相连，保证广场上的车辆畅通无阻，使行人与车互不干扰，确保行人的安全。广场还应有足够的停车面积和行人活动空间。主题性纪念标志物应根据广场的面积确定其尺寸的大小。广场在设计手法、表现形式、材质、质感等方面，应与主题相协调统一，形成庄严、雄伟、肃穆的环境。例如：气势磅礴、雄伟壮观的法国皇家广场及位于南锡的斯塔尼斯拉斯广场。斯塔尼斯拉斯广场建于 1761 年至 1769 年，由路易十五的岳父、波兰国王洛兰公爵斯塔尼斯拉斯主持建筑的皇家广场。19 世纪时改以建造者的名字命名，并以其雕像取代了路易十五的雕像。同样，巴黎旺多姆广场是以纪念路易十四为主题而建的纪念广场。

巴黎旺多姆广场，为了表达对君主专制政权的服从，广场中心建立路易十四的雕像

奥地利纪念性广场

米兰教堂前广场

德国纪念性广场

欧洲某纪念性广场

意大利威尼斯圣马可广场，建于 14~16 世纪，是一个由三个梯形空间组成的复合广场，广场宽旷的空间为市民提供了集会的场所

ENVIRONMENTAL DESIGN

3.休闲广场

休闲广场是集休闲、娱乐、体育活动、餐饮及文艺观赏为一体的综合性广场。欧洲古典式广场一般没有绿地，以硬质铺地为主。现代城市休闲广场体现人性化，遵循“以人为本”的原则，以绿为主，给人以静谧安逸之感。合理的绿化，起到了遮阳避雨、减少噪音污染的作用，改善广场小气候。走进广场人们仿佛置身于森林、草原、湖泊之中。只见天空风筝争奇斗艳，水池中各种鱼儿欢快地游玩，绿阴下，长凳旁，人们愉快地交谈着。形成了人与自然相互交融的城市风景画。广场中应设置各种服务设施，如厕所、小型餐饮厅、电话亭、饮水器、售货亭、交通指示触摸屏、健身器材等。还应设置园灯、椅子、遮阳伞、果皮箱、残疾人通道，配置灌木、绿篱、花坛等，处处体现以“人”为中心，时时为“人”服务的宗旨。利用地面高差，绿化，雕塑小品，铺色彩和图案地等多种设计组合，进行空间的限定分割，达到空间的层次感，以满足不同文化、不同层次、不同习惯、不同年龄的人们对休闲空间的要求。许多广场常与公园绿地相通，交相辉映。广场尺寸不宜过大，如果尺寸不当就很难达到好的艺术效果，同时也会使广场缺乏活力和亲和力。

新西兰奥克兰女王广场，建座椅等公共设施，体现“以人为本”的设计理念

北京西单文化广场，广场总占地面积2.2万平方米，其中广场占地1.5公顷，绿化面积占70%。合理科学的设计，最大程度地减缓了交通压力，广场为三层复合式，采用地下、地面、地上三层通道空间将地铁与公共汽车站相连接，使在广场休闲的人们不受交通和噪音的干扰。

意大利威尼斯圣马可广场，以石材铺地，广场中间无绿化，但人与鸽子在广场中和谐相处，构成了广场景观的重要组成部分

ENVIRONMENTAL DESIGN

北京西单文化广场是典型的集绿化、休闲、交通为一体的综合性广场

北京西单文化广场雕塑

北京西单文化广场，采用地下、地面、地上三层空间，减缓了交通压力，为人们创造了舒适安全的休闲空间环境

北京西单文化广场，合理的绿化，不仅起到了装饰美化广场的作用，而且还起到了减少噪音污染、改善广场小气候的作用。为广场休闲的人们提供了良好的空间环境

ENVIRONMENTAL DESIGN

鞍山站前广场是以购物、娱乐为主的休闲广场，占地面积为34600平方米，其中绿化覆盖面积为2400平方米。广场中央为造型新颖的装饰雕塑，排列整齐的树阵和座椅，为人们休闲撑起一把把遮阳伞。增强了人与自然的亲和力，充分体现了“以人为本”的设计原则，最终达到尊重并满足人的生理及心理上的需求

德国斯图加特商业街休闲广场

奥克兰　New-Manket商业街休闲广场

丹东市站前广场，起到了多种交通会合与转换的作用，并为旅客提供了休息的空间环境

中国某交通广场，可以看出，交通广场是城市交通的命脉

4.交通广场

交通广场是城市交通系统的重要组成部分，是连接交通的枢纽。例如，环形交叉广场、立体交叉广场和桥头广场等，其主要功能是起到合理组织和疏导交通的作用。设计交通广场时，既要考虑美观又要观照实用，使其能够高效快速地分散车流、人流、货流，保证广场上的车辆和行人互不干扰，顺利和安全地通行。广场尺寸的大小，取决于交通流动量的大小，交通组织方式和车辆行驶规律等。20 世纪欧洲城市广场较侧重于考虑交通的便利，广场起到了改变城市交通结构，使之成为网状交通的作用。

交通广场可分两类，一类是起着城市多种交通会合和转换作用的广场，如站前广场是综合火车、公交车、长途客车、出租车、私人车辆及自行车等诸多交通工具的换乘枢纽。如何处理好人流、车流的中转，是一个重要的问题。因此，应尽量将人行道与车行道分离，确保行人安全、车辆畅通无阻。设置交通指示标牌、道路交通标线等交通诱导系统，快速分流车辆。站前广场的交通秩序主要取决于各类停车场规划的好与坏。应将停车场设置在广场的外围，站前空地作为行人广场，避免车与人相互干扰，发生交通堵塞。广场的面积大小取决于车辆和行人的数量。站前广场是一个城市的窗口，也是一个城市的标志，反映了一个城市的整体形象，因此，交通广场的设计起着重要作用。广场应与周围建筑相协调、相配合，使其具有表现力，使人们留连忘返，留下深刻而美好的印象。

ENVIRONMENTAL DESIGN

另一类是由城市多条干道交会处所形成的交通广场。这种交通广场起着向四面八方高效分流车辆的作用，所以，设计广场道路的宽窄、转角时要科学、合理，确保车辆的安全行驶。由于其往往位于城市的主轴线上，也就决定了它的造型、绿化等美观问题的重要性。绿化设计应采用矮生植物和花卉为主（北方城市最好采用四季长青植物，在冬季也能有较好的装饰作用），保证驾驶员的视野开阔。除了配以适当的绿化装饰外，还可以设置有鲜明代表性的地域性标志建筑、雕塑并配置喷水池等。

大连中山广场与法国巴黎星形广场的设计相似。以中山广场为中心，由多条道路向周围辐射组成，起到了快速分流，保证车辆畅通无阻的作用，将城市交通网络有机地组合在一起

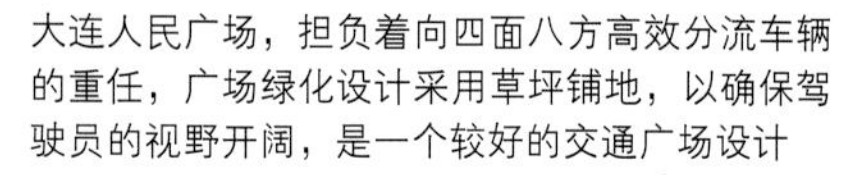

大连人民广场，担负着向四面八方高效分流车辆的重任，广场绿化设计采用草坪铺地，以确保驾驶员的视野开阔，是一个较好的交通广场设计

ENVIRONMENTAL DESIGN

鞍山站前商业广场的设计，既可供观赏，还方便了人们在附近购物、候车、小憩

哈尔滨市建筑艺术广场以圣索菲亚教堂为中心，视野开阔，它独有的魅力，吸引了很多人

欧洲商业广场座椅的设置，为人们购物后休息提供了方便

5.商业广场

商业广场是指位于商店、酒店等商业贸易性建筑前的广场，是供人们购物、娱乐、餐饮、商品交易活动使用的广场，其目的是为了方便人们集中购物。它是城市生活的重要中心之一。广场周围的建筑应该以其为核心，这样不但可以使整个商业广场凝集人气，还可以显示整条商业街欣欣向荣的景象。

商业广场的交通组织非常重要。交通犹如城市的大动脉，应考虑到由城市各区域到商业广场的“方便性”、“可达性”。广场周围的交通应四通八达。为了避免广场受到机动车的干扰，保证人们在购物前后有个安静舒适的休息环境，可设地下车道，并与广场周围车道相连接。保证人流、货运通道、公交车通道、消防车通道、私家车及各种其他机动车通道等不同性质的交通流动线分区明确、畅通无阻，以满足人们对现代生活的快节奏的需求。可以说商业广场是一座城市商业中心的精华，直接反映了城市经济、文化发展的水平。商业广场的花草树木的配景也不容忽视，合理的草木设置不仅能丰富城市的节令文化，而且增加了城市的趣味。广场环境的美化程度好与坏是设计中重点考虑的因素。可以将自然景观引入到广场设计当中，例如大量引入树木、花卉、草坪、动物、水等自然景观。当然，公共雕塑（包括柱廊、雕柱、浮雕、壁画、小品、旗帜等艺术小品）和各种服务设施也是必不可少的。优秀的设计可以创造出各种宜人的景象，使人们驻足停留，乐在其中、轻松享受安逸的休闲时光，从而形成一个生机勃勃的城市商业休闲空间。

商业广场的“亮化”，是广场景观的延伸。“亮化”可以使商业广场的夜景空间富有层次感，并且达到重点突出的目的。五彩缤纷的广场夜景，使城市商业中心的繁华得以充分地展现，也营造了人们活动与交往的空间，丰富了人们“夜生活”文化。

ENVIRONMENTAL DESIGN

大型繁华商业区广场

欧洲某商业广场的星期天
很多欧洲广场在周日设置临时花市，供人们在休闲时观花和购花

美国加州某商业街广场

德国柏林某商业广场，为人们提供了一处以喷水池为中心的休憩场所

ENVIRONMENTAL DESIGN

二、按广场平面组合形态分类

广场形成的形态，因受观念、历史文化传统、功能、地形地势等多方面因素的不同影响，所以，形成的形态也不同。广场的形态可分三类：一类是规则的几何形广场，二是不规则的广场，三是复合型广场。

1.规则的几何形广场

规则的几何形广场包括方形广场（正方形广场、长方形广场）、梯形广场、圆形（椭圆形、半圆形）等。规则形状的广场，一般多是经过有意识地人为设计而建造的。广场的形状比较对称，有明显的纵横轴线，给人们一种整齐、庄重及理性的感觉。有些规则的几何形广场具有一定的方向性，利用纵横线强调主次关系，表现广场的方向性。也有一些广场以建筑及标识物的朝向来确定其方向。例如天安门广场通过中轴线而纵深展开，从而造成一定的空间序列，给人们一种强烈的艺术感染力。

巴黎协和广场是巴黎最大的广场，位于巴黎主中轴线上。广场中间竖立了一座高 23 米，具有三千三百年历史的埃及方尖碑，四周的八座雕塑，象征着法国八大城市。中世纪意大利西耶那市政厅广场，广场呈半圆形，从 13 世纪起经过对景观不断的改造，使得广场典雅大方，驰名世界。

巴黎星形广场，修建于 19 世纪中叶。围绕著名的凯旋门一周并以其为中心，由 12 条道路向四周辐射组成。因其从空中鸟瞰，形如星状，所以称为星形广场。每当夜幕降临，这里将燃起不灭的火焰，以此来纪念法国大革命。沈阳五彩斑斓的市政府广场将金碧辉煌的文化路立交桥、宽广的黄海路贯穿为一体，形成沈阳的亮点。

巴黎星形广场是由多条街道交会的巴黎凯旋门

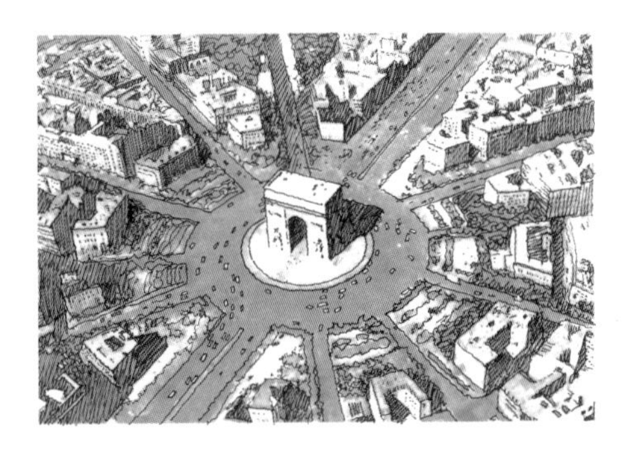

意大利西耶那市政厅广场，呈半圆形

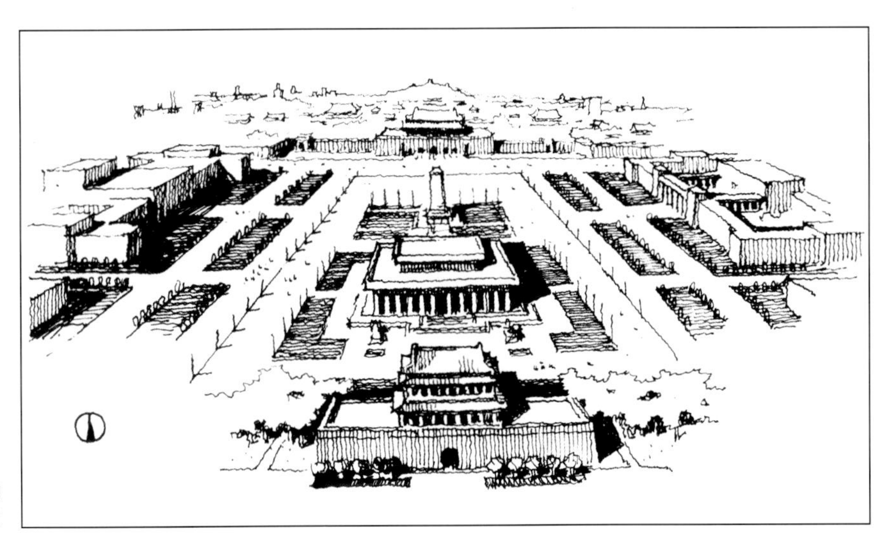

北京天安门广场形状呈方形，通过中轴线而纵深展开，创造出一系列空间环境

ENVIRONMENTAL DESIGN

广场形状呈圆形
的欧洲某广场

几何化规则形广场

欧洲圆形广场

ENVIRONMENTAL DESIGN

2.不规则形广场

不规则形广场，有些是人为的，有意识地设计的，是由广场基地现状、周围建筑布局、设计观念等方面的需要而形成的；也有少数是非人为设计的，是人们对生活不断的需求自然演变而成的。广场的形态多按照建筑物的边界而确定。位于地中海沿岸的阿索斯广场，顺自然地形演变而成，呈不规则梯形。

被全世界人们称作欧洲客厅的威尼斯圣马可广场，充满了人情味。可人的尺度及不规则的空间使人们感受到舒适与亲切。

大连虎雕广场，是辽宁省著名景点之一。广场中央是以形态各异的群虎雕塑为主体。广场呈不规则形，给人们一种新颖奇特的感觉。

俯瞰圣马可广场

大连虎雕广场，是辽宁省著名景点之一。广场中央是以形态各异的群虎雕塑为主体。广场呈不规则形，给人们一种新颖奇特的感觉

ENVIRONMENTAL DESIGN

被全世界人们称作欧洲客厅的威尼斯圣马可广场，充满了人情味。可人的尺度及不规则的空间使人们感受到舒适与亲切

广场形状呈方形

中国济南泉城广场，是复合型广场，图为主广场局部

欧洲某复合型广场，采用重复的组织手法，形成有序的空间组合

3.复合型广场

复合型广场是以数个单一形态广场组合而成，这种空间序列组合方法是通过运用美学法则，采用对比、重复、过渡、衔接、引导等一系列处理手法，把数个单一形态广场组织成为一个有序、变化、统一的整体。这种组织形式可以为人们提供更多的功能合理性、空间多样性、景观连续性和心理期待性。在复合形广场一系列空间组合中，应有起伏、抑扬、重点与一般的对比性，使重点在其他次要空间的衬托下，得以足够的突出，使其成为控制全局的高潮。复合型广场占地面积及规模较大，是一个城市中较重要的广场。例如大连胜利广场，占地面积 147000 平方米，中心广场北部为娱乐广场，南部为体育场。在处理手法上将主广场与子广场串联融合，体现了空间、视觉和功能的效果转化。兴城市中心广场，占地 52800 平方米，绿地面积 18646 平方米。中心广场是由广场的演出台、兴城市标志性建筑、广场音乐观水台、光之路、健身场、休息区、绿化景观区等部分组成。全新的设计理念，成功地将美丽的兴城景色如诗如画般地展现在人们面前。

欧洲某复合型广场，主次空间组合得当

ENVIRONMENTAL DESIGN

欧洲某复合型广场，采用对比、重复、引导等一系列手法，体现空间和视觉效果的转化，将主广场推向高潮

组合有序的欧洲某复合型广场

欧洲某复合型广场，由数个不同广场空间形态串联而成，体现了复合型广场空间的多样性

ENVIRONMENTAL DESIGN

三、按广场的组成形式分类

广场的组成形式可分为平面型和立体型。平面型广场在城市空间垂直方向没有高度变化或仅有较小变化，而立体型广场与城市平面网络之间形成较大的高度变化。

1.平面型广场

传统城市的广场一般与城市道路在同一水平面上。这种广场在历史上曾起到过重要作用。此类广场能以较小的经济成本为城市增添亮点。

奥地利某广场

新西兰 Albert Park 广场

新西兰 Albert Park 广场

某平面型广场

ENVIRONMENTAL DESIGN

欧洲某平面型广场

葫芦岛市某居民小区广场

欧洲某广场，采用简洁的形式，创造了宁静优雅的空间环境

2.立体型广场

今天的城市功能日趋复杂化，城市空间用地也越来越趋于紧张。在此情况下，设计家开始考虑城市空间的潜力，进行地上、地下多层次的开发，以改善城市的交通、市政设施、生态景观、环境质量等问题，于是就有了立体型广场的出现。由于立体型广场与城市平面网络之间高度变化较大，可以使广场空间层次变化更加丰富，更具有点、线、面相结合的效果。立体型广场又分为上升式和下沉式广场两种类型。

（1）上升式广场　上升式广场构成了仰视的景观，给人一种神圣、崇高及独特的感觉。在当前城市用地及交通十分紧张的情况下，上升式广场因其与地面形成多重空间，可以将人车分流，互不干扰，极大地节省了空间。

采用上升式广场，可打破传统的封闭感觉，创造了多功能、多景观、多层次、多情趣的“多元化”空间环境。

上升式广场的设计，采用多层次、多功能的空间环境组合，极大的节省了城市用地并使广场空间环境更富于变化

美国旧金山市中心高台式广场
美国旧金山广场，采用斜面阶梯将广场地面一步步举起，利用绿化构成一幅与自然相互融合的图画

济南泉城上升式广场

苏联卫国战争纪念广场
乌克兰卫国战争纪念广场，位于风景如画的基辅市郊，广场以纪念性雕塑为中心，广场气魄雄伟，在离城市很远的地方都可看到它，是典型的高台纪念型广场

ENVIRONMENTAL DESIGN

(2) 下沉式广场 下沉式广场构成了俯视的景观，给人一种活泼、轻松的感觉，被广泛应用在各种城市空间中。下沉式广场为忙碌一天的人们提供了一个相对安静、封闭的城市休闲空间环境。下沉式广场应比平面型广场整体设计更舒适完美，否则不会有人愿意特意造访此地以及在此停留，所以下沉式广场舒适程度的好坏是非常重要的，应建立各种尺度合宜的“人性化”设施（如座椅、台阶、遮阳伞等），考虑到不同年龄、不同性别、不同文化层次及不同习惯人们的需求，建立残疾人坡道，方便残疾人的到达，强调“以人为本”的设计理念。下沉式广场因其是地下空间，所以要充分考虑绿化效果，以免使人感到窒息，产生阴森之感。应设置花坛、草坪、流水、喷泉、林阴道等。下沉式广场的可达性也是同等重要，应考虑到下沉广场的交通与城市主要交通系统相连接，使人们可以轻松地到达广场。例如大连胜利广场，占地面积147000平方米，呈下沉式主广场与平面子广场串联成一体，形成了序列性空间，体现了空间、视觉和功能的效果转换，给人以耳目一新的感觉。

利用台地、水体、绿化的交叉变化，给活动于其中的人们以安静、舒适之感

此下沉式广场，利用向心形图案铺地，不但产生很强的内聚力，还使简单的形态感觉上更为丰富

ENVIRONMENTAL DESIGN

下沉式广场，不仅与城市主体空间垂直方向形成较大的落差，而其重点在于利用广场多种元素，如喷泉、叠水、草坪、台阶、林阴步道等组合，营造出丰富多彩的可人的城市空间环境

第二章 中西方历史城市广场空间形态的发展过程

本章要点

- 欧洲城市广场的发展
- 中国古代城市广场的发展
- 广场未来发展趋势

第1节 欧洲城市广场的发展过程

在公元前750~前800年，古希腊的城市就已形成。随着社会生产力的发展、城市的形成和社会分工的出现，城市居民需要特定的空间去进行交易、集会和思想文化交流，促使城市广场不断向前发展。广场同时承担了商贸、集会、宗教仪式等活动。到了古罗马时期，广场的建设达到了一个高峰，广场的类型逐渐多样化，在内容和形式上不仅继承了古希腊城市广场的传统，而且在其城市性方面更有所发展。广场的建筑更强调了人们用来进行商品交易的市场、举行宗教仪式活动的神庙及各类市政机构用于处理政务的建筑。而这些构成广场外围界面的建筑物或构筑物，本身又是连接周围街坊的重要组成部分，例如典雅幽静的皇家广场,宏伟庄重的共和广场。广场的类型同时也出现了方形、圆形等规则形广场。欧洲广场由最初的宗教中心发展为集商业、文化、休闲、景观、集会、表演等多功能为一体的综合性场所，但在

处理复合型广场空间上还存在着许多不足，城市广场与城市空间缺乏整体的联系性。

文艺复兴时期的广场，占地面积普遍比以往广场的占地面积要大，提倡人文主义思想，追求人为的视觉秩序和雄伟壮观的艺术效果。城市空间的规划强调自由的曲线形，塑造一种具有动态感的连续空间。这个时期的广场类型，多为对称式。根据文艺复兴时期的审美标准和设计原理，“利用几何形状、轴线和透视原理来‘规矩’原本不规则的空间，用柱廊等建筑词汇来统一广场外围的建筑立面，以及用雕像等来建立空间内的视线焦点（focal point）等”（引自叶珉《城市的广场》一文)。新建广场讲究采用三度空间的规律进行设计，即三一律。广场尺度的大小、景色的配合、周围建筑物的形式、格调要做到内外结合，虚实相济。广场的功能使用上表现为公共性、生活性和多元性。这一时期的杰出代表有意大利的西耶纳、佛罗伦萨和维罗纳等广场。

到了巴洛克时期，广场的设计理念发生了很大的变化。广场中央多设立雕塑、喷泉或方尖碑，更加强调空间的动态感觉。较为侧重考虑交通便利，城市广场的道路出口最大程度上与城市里的主要道路连成一体，广场不再单独附于某一建筑物群，而成为整个道路网和城市动态空间序列的一部分。例如罗马波波罗广场，广场呈长圆形，有明确的主轴和次轴线，中央建有方尖碑，与罗马的主要街道相连。这方面具有代表性的还有罗马圣彼得主教堂广场、法国南锡广场。

到了现代，由于社会生活方式的变化和经济技术水平的提高，人们对广场的依赖越来越强烈。并且今天的情况和以往有很大的不同，在人流、交通、建筑等方面都发生着质的变化。城市广场设计重视综合运用城市规划、生态学、建筑学、环境心理学、行为心理学等方面的知识，现代城市广场的发展追求功能的复合化、布局的系统化、绿化的生态化、空间的立体化、环境的协调化、内容与形式的个性化、理念的人性化。可以说城市广场代表一个城市的重要标志。

第 2 节　中国古代城市发展过程

我国城市广场发展较晚，由于历史文化背景不一样，广场的类型也不尽相同。广场的功能多为进行商品交易,根据《周礼·考工记》的记载："匠人营国，方九里，旁三门，国中九经九纬，经涂九轨，左祖右社，前朝后市。"我国早在春秋战国时期就已有了较为完整的城市规划，形成了一整套基本布局的程式，对市场的规模和位置做出了严格规划。并且这种城市规划思想一直影响着古代城市广场的建设，例如，天安门广场在这方面具有代表性。早在明清时期天安门广场就按照礼制秩序将建筑群左右对称地布置在中轴线上，这种空间组合，起到了广场与建筑群之间相互对应、吸引、陪衬的作用。唐长安城的规划同样也是沿中轴线两边设有东市、西市。当时逛街是人们的一种休闲方式，街道空间也是人们作为交往活动的场所，也可以说早期的市场即广场的雏形。

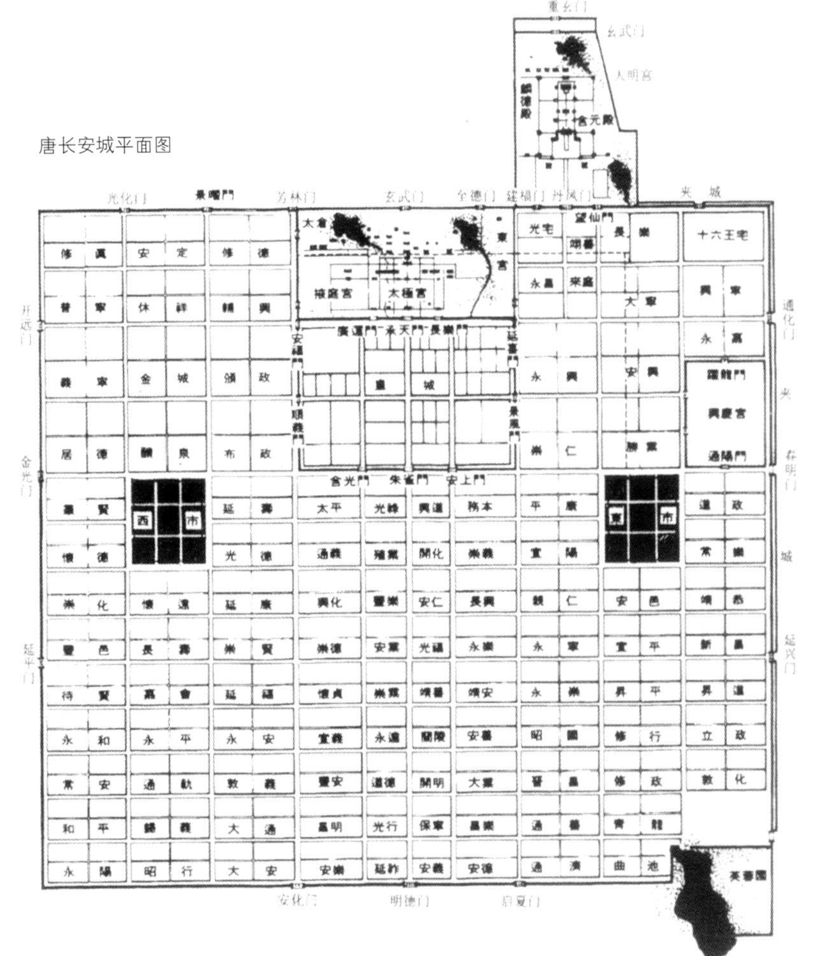

唐长安城平面图

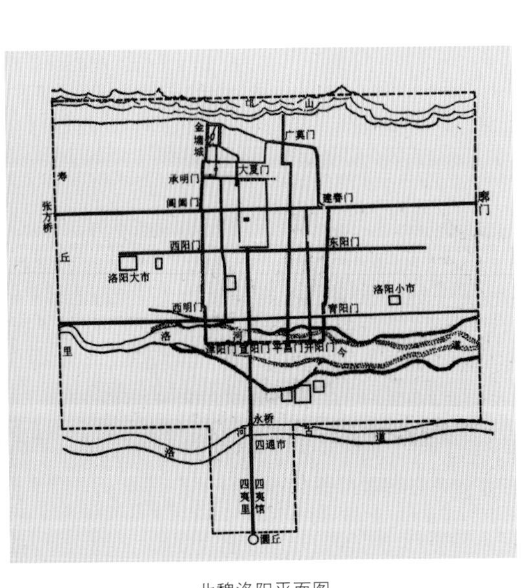

北魏洛阳平面图

第3节 城市广场未来发展趋势

根据联合国上个世纪末的预测，到本世纪世界人口将有一半居住在城市。世界上将出现20多个人口超过1100万的大城市，其中17个将在发展中国家。城市人口的迅速增长导致发展中国家大城市的不断增多，此外全球人口的膨胀，也为城市化迅速增长创造了外部条件。城市空间用地紧张及资源短缺，汽车等交通工具的日益增多并充斥整个城市通道，造成交通阻塞，空气污染严重，道路和停车场占地面积增大等一系列问题。不具特点的城市，使人们感到“千城一面，似曾相识”，单纯追求气派、宏伟、规整、几何形的大型广场和景观大道，试图以此解决社会问题，改变城市面貌，势必影响城市的活力和可持续性发展。美国简·雅歌布在《美国大城市的生长与消亡》一书中指出：“规划迄今为止最主要的问题，是如何使城市拥有足够的多样化性质。”城市广场作为城市整体空间环境中的重要组成部分，是一个城市的窗口和标志，直接反映一个城市特有的景观和文化内涵。广场的多样化和个性化是保持城市的生命力和可持续发展的关键。以往城市广场无论其功能、内容和形式都越发突显得跟不上历史前进的潮流，探索未来城市广场发展的趋势是全世界各个国家共同面对的重要研究课题。从城市广场发展方面看，未来的城市广场发展呈必然趋势：

一、城市广场空间多功能复合化和立体化

广场是多元文化的物质载体。而城市空间用地紧张，交通阻塞等问题的日趋严重化及人们在城市空间活动的舒适度需求指数的不断提高，越发突显城市空间潜力开发的紧迫性，利用空间不同形态和不同层面的垂直变化，如园林式、草坪式、下沉式、上升式、水景式，形成多层次复合式立体空间格局的广场，解决城市空间用地紧张、交通阻塞等问题，使人们在城市空间中获得自由、轻松、亲切感和活动的安全感。因为只有功能复合化和立体化，才能适应人们各种行为活动的需求，充分地体现对人的关怀。解决社会问题，使城市具有较强的吸引力。

二、城市广场类型多样化和规模小型化

城市广场设计将打破一座城市仅建设少量的大而空的广场的传统形式，通过增加广场的数量，满足各种不同文化、年龄和层次的人的各种各样的需要，以占地面积少的中小型广场唱主要角色，如街心广场、小型商业区广场、居民区广场等，由此使广场真正拉近与人们的距离。通过建设均匀分布的道路网络，方便人们从各个不同方向、距离到达广场。

三、追求城市空间的绿色生态化

由于城市人口的不断增长，形成了大量钢筋水泥林立的密集型高层住宅及高架桥，使得整个城市被水泥钢筋包裹着，城市空间拥挤不堪，令人窒息。人工建筑的比重日益增大，属于自然的成分逐渐减少，一座座高楼大厦令人骄傲的拔地而起却吞没了以往美丽的天际线；一条条宽阔马路的出现方便了人们交通的同时却拉开了人与人的距离，并以高速发展着，噪声、灰尘、汽车排出的尾气威胁着人们的健康，所以，人们越来越认识到人类在追求高度物质和精神文明的同时不可缺少绿色生态化和温馨的人性环境。追求城市空间的绿色生态化、人性化已成为全人类共同奋斗的目标，因此，作为城市空间中的“绿肺”——城市广场的规划和设计应努力追求在设计理念上应该尊重人性，从而重视自然、再现自然和创造自然。

四、保护历史文化传统　突出城市地域文化

保护地域历史文化传统特色，注重城市广场文化内涵并将其融入到设计构思中已成为城市可持续发展的重要条件，同时也是关系到一个城市是否能够长久繁荣昌盛的关键，因此，这是得到人们共识的设计方向。

第三章 城市广场设计的基本原则

本章要点

- 城市广场设计的基本原则是“以人为本”
- 关注人在广场空间中的行为心理
- 挖掘地域文化　彰显广场个性
- 走可持续发展之路
- 突出广场的主题思想

第1节 “以人为本”的原则

城市的发展，历经了中世纪、文艺复兴到工业革命的漫长的历程，城市广场的形式及其设计原则也一直伴随着城市社会生活的变迁不断地变化。以往中世纪的宏伟、庄严、象征中央集权政治和寡头政治的“君主权利至上”的设计方法，具有强烈秩序感的城市轴线系统，由宽阔笔直的大街相连接的豪华壮阔的城市广场，为极少数贵族们的生活带来了满足和快乐，也提供了一种前所未有的城市体验，当时的这种设计理念迎合了贵族和统治者的心理需求。到工业革命时期，由于城市经济功能的膨胀，“技术至上”的设计理念大行其道，使人们仅看重物质化的城市形态、结构和城市空间而忽视人的生活和情感需求，忘记了城市广场最终是城市人民的广场。城市广场的设计、布局、规模、设施及审美性均应以满足广大人民的需求为衡量标准。随着时代的进步，21世纪的设计理念更趋向于“以人为本”的设计原则，将尊重人、关心人作为设计指导思想落实到城市空间环境的创造中。

处处体现“以人为本”的广场设计

无障碍的小路设计

第 2 节　关注人在广场空间中的行为心理

人在广场空间中，其生理、心理与行为虽然存在个体之间的差异，但从总体上看是普遍存在共性的。美国著名心理学家亚伯拉罕•马斯洛关于人的需求层次理论认为：“人类进步的若干始终不变的、本能的基本需要，这些需要不仅是生理的，同时也是心理的；人们对需求的追求总是从低级向高级演进，而最高的层次是自我实现和发展。”我们将这一理论概括起来可分四个层次：第一个层次是生理需要；第二个层次是安全需要；第三个层次是交往需要；第四个层次是实现自我价值的需要。马斯洛这一关于人的需求层次理论，为我们提出了人的重要性。城市广场设计是为人设计并为人所使用的，所以，应把“尊重人、关心人”作为城市广场设计的宗旨。那么，怎样满足各个层次人的需求呢，研究者认为，人的空间行为概括起来可分：

一、群聚性

人都愿意往人群中集中，不同文化、年龄、爱好的人相聚在一起，在广场空间中，人们可能出于同一行为目的或具相同行为倾向的人三三两两地聚集在一起。人活动时有以个体形式的出现也有以群体形式出现的，按人数分为：

1.个人独处　一人独处，活动范围小。如看书、休闲、健身等，个人独处一般需要相对较安静的空间。

2.特小人群　一般以 2~3 人为一群，活动范围较小，如下棋、谈话、恋爱、争斗、看书等，这部分人群占广场空间人数的多数。

3.小人群　3~7 人为一组，活动范围较大。如聚餐、祭祀、运动、小组活动等。

4.中等人群　7~8 人不超过 10 人，活动范围更大。如开会、聚餐、健身、娱乐等。

5.较大人群　几十人以上，一般多见于有组织的活动，如健身、开文艺晚会、商业促销等。

广场聚集的人群，各有不同的群体人数、组成方式、活动内容、参与程度、公共设施使用情况等。从活动的性质上分又分有目的和无目的、主动参与和被动参与，如在广场进行有目的的主动表演、集体健身等，跟随人群不知不觉介入，围观某一事情等。分析和研究人在广场空间中的行为心理，为我们设计提供了“以人为本”的依据。

在广场的绿阴下人们三三两两地聚在一起闲谈和乘凉

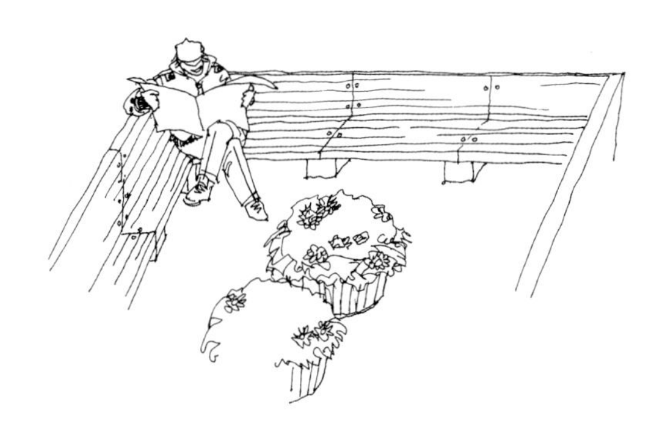

独处时人们喜欢在相对安静的地方驻留

ENVIRONMENTAL DESIGN

二、依靠性

人在环境中并不是均匀散布的存在，总是偏爱在视线开阔并有利保护自己的地方逗留，如大树下、廊柱旁、台阶、墙壁、建筑小品的周围等可依托的地方集聚，这一行为心理可能源于我们人类祖先，在野外活动时为了安全一般很少选择完全暴露的空间休息，他们或找一块岩石，或找一个土坡，或以一棵树木作为依靠。心理学家就人的“依靠行为”有更深刻的阐述：“从空间角度考察，‘依靠性’表明，人偏爱有所凭靠地从一个空间去观察更大的空间。这样的小空间既具有一定的私密性，又可观察到外部空间中更富有公共性的活动。人在其中感到舒适隐蔽，但决不幽闭恐怖。”因此，在广场设计中应充分考虑到人对空间“依靠性”的要求。使人们在广场空间中，坐有所依、站有所靠。

三、时间性

人在环境中的活动受到时间、季节、气候等方面的影响，通过观察可以发现，人们在空间中一天的活动变化、一周的变化乃至一年的变化，每个季节的差别都不一样。另外，人对时间的使用，还受到文化差异的影响，据研究显示：“美国文化中并无午睡的习惯，而西班牙人却要午睡几个小时。”时间要素会对人们的活动产生影响，如夏天的广场，烈日炎炎，人们尽量避开中午时间外出活动，一般利用早晚时间到广场散步和锻炼。在烈日下，人们都躲避在有遮阴的地方休息。在数九严寒的冬季，人们又都愿意逗留在温暖的阳光下。忙碌了一天的人们，到了夜晚在广场柔和的灯光下翩翩起舞。所以，我们在设计时，根据人的心理需求，尽可能地使广场具有舒适性、安全性，满足人们在时间上的各种需求。

一面墙作为依靠

一根柱子作为依靠

以树或建筑物为依靠

人在外部空间环境中的依靠性示意图

ENVIRONMENTAL DESIGN

在吧台，陌生人之间都愿意相互保持距离

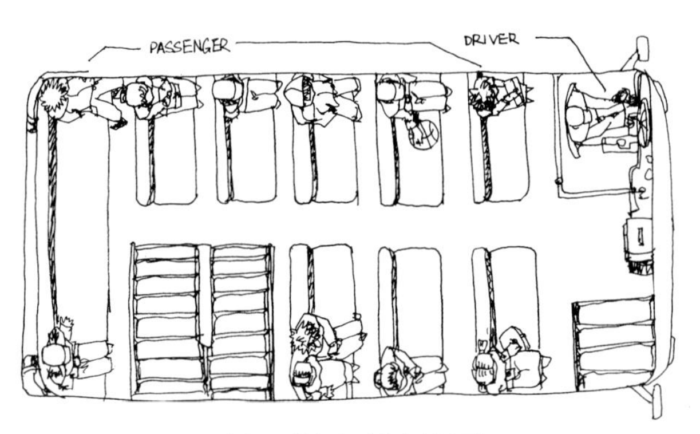

公共汽车中，人较少时，人们会如图而坐

停留在电线上的小鸟，彼此之间也都保持一定距离

个人空间限定示意图

四、领域性

领域性是人类和动物为了获得食物和繁衍后代等对空间的需求特征之一。人类和动物从占有领域的方式和防卫的程度及形式上都有着本质上的区别，人类的领域性不仅体现生物性而且体现社会性，如人类除了对生存需要、安全需要外，更需要进行社交，得到别人的尊重和自我实现等。在环境中领域的特征和领域的使用范围也比动物复杂得多。奥尔特曼认为："领域表明了个体或群体彼此排他的、独立的使用区域。"阿尔托曼也对领域提出了定义："领域性是个人或群体为满足某种需要，拥有或占用一个场所或一个区域，并对其加以人格化和防卫性的行为模式。"综上所述，领域具有排他性、控制性和具有一定的空间范围。如人们愿意与亲人及朋友拥有一个相对安静并且视野开阔的半封闭的空间领域相聚，借以增加亲和的气氛，避免完全暴露在无遮挡的空间领域，受到陌生人打扰。同时人们喜欢相互交往，但并不喜欢跟陌生人过于亲密。如果广场中供人们休息的服务设施，如座椅安排的距离过近，没有间断性，必然会导致应该保持适当距离的一般性交往的朋友和保持较远距离的陌生人交往处于过近距离强迫交往状态。广场的领域性正是反映了人们生理、心理需求，所以，我们在设计时要充分考虑到广场的空间层次、人们行为的多样性及广场的使用性质，创造出具有"人性化"的层次丰富的广场空间。

五、人际距离

我们日常生活中离不开人与人的交往，无论与陌生人还是与熟人之间都保持着恰当的距离和正确的交往方式，如果有一方首先破坏了这种距离，就会令双方感到尴尬和不安。人类学家赫尔根据人际关系的密切程度、行为表现来划定人际距离。他将人与人之间的距离划分为：密切距离；个人距离；社交距离和公共距离四种。

ENVIRONMENTAL DESIGN

1.密切距离 当两人之间的距离为0~45cm时，称为小于个人空间，这时相互可以感受到对方的辐射热和气味。这种距离的接触仅限于最亲密的人之间接触，适合两人之间说悄悄话、爱抚和安慰。如热恋中的情人、夫妻之间、亲人之间的接触。在广场中如果两个陌生人处于这种距离时会令双方感到不安，人们会采取避免谈话、对视或者避免过近距离贴身坐在一起，以求心理的平衡。

2.个人距离 如果两人距离为76cm~122cm时，与个人空间基本吻合。人与人之间处于该距离范围内，谈话声音适中，可以看到对方脸部细微表情，也可避免相互之间不必要的身体接触，多见熟人之间的谈话。如朋友、师生、亲属之间的交谈。

3.社交距离 社交距离范围为122cm~214cm，在这个距离范围内，可以观察到对方全身及周围的环境情况。据观察发现，在广场上人比较多的情况下，人们在广场的座椅休息相互之间至少保持这一距离，如少于这一距离，人们宁愿站立，以免个人空间受到干扰。这一距离被认为是正常的工作和社交范围。

4.公共距离 公共距离指366cm~762cm或更远的距离，这一距离被认为是公众人物（如演员、政治家）舞台上与台下观众之间的交流范围。人们可以随意逗留同时也方便离去。

分析研究人的行为心理，对于广场设计有很重要的参考价值并且为我们提供了设计的依据。当然鉴于不同国家、民族文化、宗教信仰、性别、职业等因素，人的行为心理的表现也不相同。

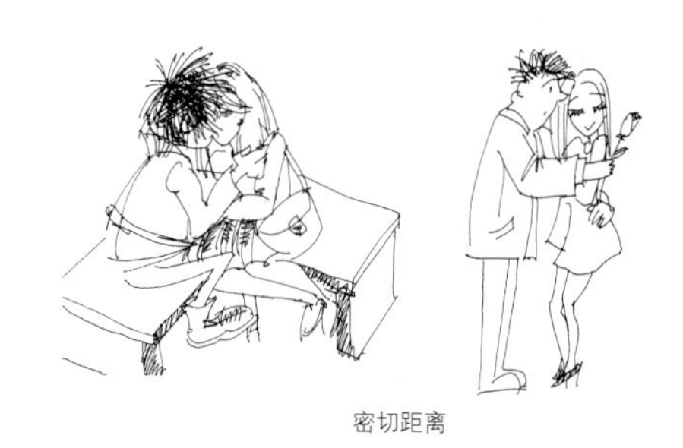

密切距离

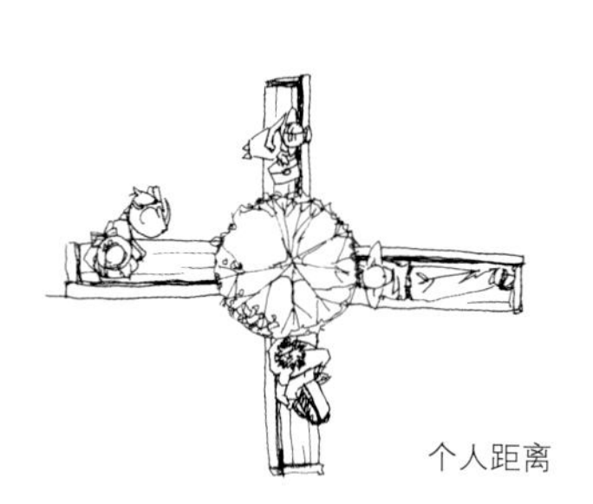

个人距离

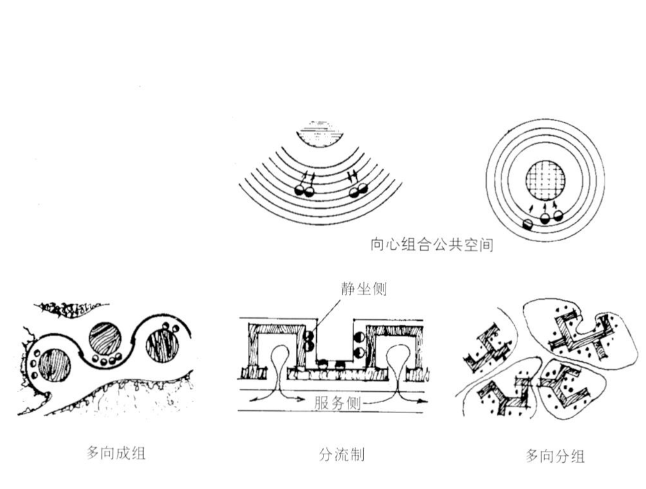

向心组合公共空间

多向成组 分流制 多向分组

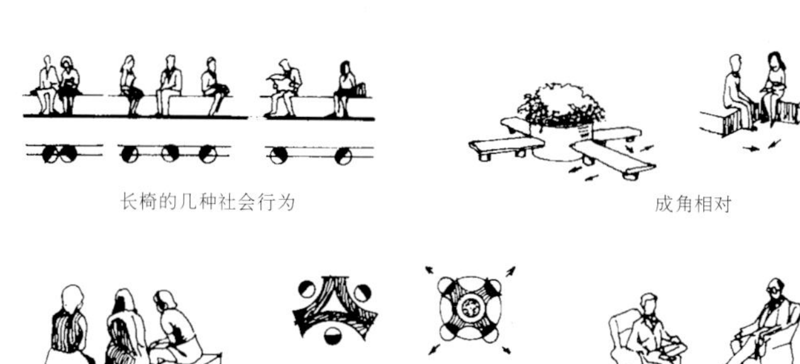

长椅的几种社会行为 成角相对

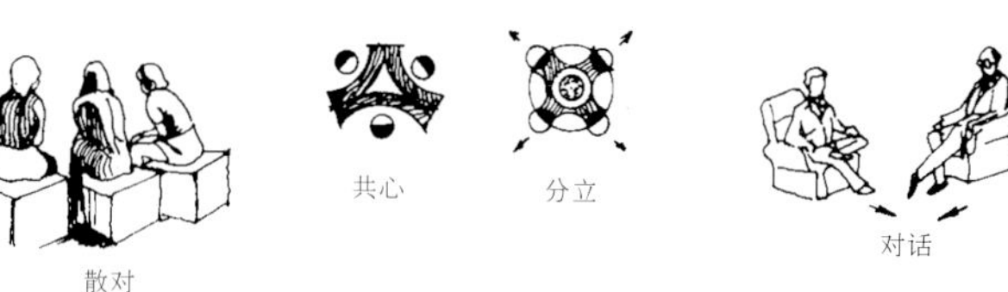

散对 共心 分立 对话

人在外环境中的公共距离示意图

第3节 挖掘地域文化彰显城市广场的个性

地方特色包括两方面，一方面是社会特色；另一方面是自然特色。首先城市广场设计要重视社会特色，将当地的历史文化（如历史、传统、宗教、神话、民俗、风情等）融入到广场设计构思当中，以适应当地的风土民情，突显城市的个性，避免千城一面、似曾相识的感觉，区别于其他城市的广场，增强城市的凝聚力和城市旅游吸引力，给人们留下个性鲜明的印象。如哈尔滨市因其历史的原因，使这座城市的建筑独具特色。庄严雄伟的圣·索菲亚教堂、造型奇特的俄罗斯木屋、典雅别致的哥特式楼宇、豪华的欧式建筑……不禁令人赞叹。

哈尔滨市建筑艺术广场设计，突显这一历史文化特性，广场采用规整式布局，以圣·索菲亚教堂为中心，以其独特的魅力，显示了哈尔滨市的风貌，提高了该城市的文化品位和知名度。

其次自然特色也是不可忽视的，要尽量适应当地的地形地貌和气温气候。不同的地区、气候、地势、自然景观均有所区别，每一个城市广场的面积大小、形状、道路交通、周围建筑、日照、风向等各种因素也各不相同，我们设计时，要考虑该城市的地形地貌特征，利用原有的自然景观、树木、地势的高低起伏考虑广场的布局和形式，将广场巧妙地融入到城市周围的环境中，达到"虽由人作、宛自天开"的效果。可采用梯阶、平台、斜坡等手法，增加其层次感，或利用空间组合和标识物的造型以突出地域特征。追求地域的认知感，使广场具有"可读性"和"高度印象性"，成为一个城市的象征。根据不同的地区气候，在设计城市广场时，应注意北方日照时间短，冬天气候干冷，选择树种要耐寒冷，四季不易落叶。广场座椅不应以石材为主，以免冬天坐起来不舒服，可选用木质材料。如采用喷水池，应考虑冬天滴水成冰的寒冷气候，适当可利用硬质小品进行美化。对于南方城市广场，因气候炎热，要选择一些高大的树种，起到为人们避暑纳凉的作用。以往的"低头是草坪，平视见喷泉，抬头见雕塑，台阶加旗杆，中轴对称式"的千篇一律，手法单一，没有个性的广场是没有亲和力和生命力的广场。所以，城市广场设计的一草一木，一砖一石都体现对人的关怀，适应人的感受。

广场中设置了许多风格各异的座椅，供人们休息

新西兰奥克兰广场中，建有代表当地土著文化的雕塑，鲜明地突出了新西兰的历史文化

ENVIRONMENTAL DESIGN

大连“海之韵”广场，是一个结合地形地貌而设计的典范。广场占地面积 3.8 万平方米，背山临海，追求自然，返璞归真的风格特色

结合地形，依山而建的广场设计方案

哈尔滨建筑艺术广场，显示了历史文化特性

ENVIRONMENTAL DESIGN

丹东滨江广场，以鸭绿江为背景，构成了特有的广场景观

第4节 追求经济效益走可持续发展的道路

城市广场被人们称为："城市的客厅，市民的起居室。"我们在进行广场设计时，不但要满足人的需要和宜人的生态环境，还要考虑经济效益。一个成功的城市广场，可以带动广场周边的旅游、生态、商业、交通的发展，为经济发展提供良好的外部环境，创造可观的经济效益，并可提升城市的知名度，利于城市现代化、国际化的进程。据专家统计："上海市规划局对本地园林绿地所带来的产氧、吸收二氧化硫、滞尘、蓄水、调温进行量化，发现每年的绿化效益竟达89.49亿元。"所以设计时，应注重经济效益、社会效益，不但要注重近期利益还要注重远期效益，以局部利益和整体利益兼顾为原则。不可仅为片面地追求经济效益而破坏生态环境，应为我们的子孙后代留下一个良好的可持续发展空间。应充分考虑广场的性质和使用功能，切不可将交通广场设计成为休闲广场，这样不仅不会疏导交通，反而因人流拥挤，使得交通堵塞，影响货流、物流的运转，造成经济损失。广场的布局要合理，不可将广场设在远离人烟的城市郊外，人们难以到达的地方，应设在城市中心或者街区中心，交通发达的地方。在广场的周围可设置人们需求的经济项目，并使效益与市民的公共利益相平衡。广场并非越大越好，要根据地区及使用功能的不同，合理规划广场规模的大小，否则一味的追求规模宏大气派，不但不能提升广场的经济效益，还会给人们造成空旷、冷清、荒芜，甚至恐惧的感觉。此外，如果密集的居民区已经形成，没有可规划的大量场地用于建造大型广场，则不可强迫式地修建广场，从而迫使大量市民被迫动迁到其他地方，造成经济损失和土地资源的浪费，使得自然生态资源遭受破坏。国外的一些广场，虽然广场空间不算大，但功能明确，目的性强，使人感到亲切和自然，充分体现人情味。

位于沈阳南北金廊轴线上的沈阳市政府广场像一颗闪亮的珍珠，占地面积为66280平方米，广场中央建有"太阳鸟"主题雕塑，蕴涵着沈阳源远流长的历史文化，每天的人流量可达到万人以上，也带动了周围的房地产业的发展。生态优先是现代城市建设的重要原则,应结合广场的不同功能，设计多种绿化空间，提高城市的环境质量，最大化的发挥生态效益。

利用原有地势交叉，将广场竖向递减层次，形成丰富的台地变化

ENVIRONMENTAL DESIGN

新西兰 New Market 广场中心的绿化花坛，以具有历史特征的文物为陪衬，既美化环境，又突显了历史

新西兰奥克兰图书馆前广场，设置了座椅，以满足人们休息的需要

新西兰奥克兰某广场，宜人的尺度设计，使人感到温馨而亲切

第 5 节　突出主题思想使城市广场颇具吸引力

表现体育内容为主题的广场

无论是什么类型的城市广场，都应有其主题。不同类型的广场设计主题不同，按其使用功能也有不同的定位。如纪念广场、休闲广场、交通广场、商业广场等。不同的国家、民族、地域都有不可替代的广场形态和形式，皆因其地形地貌、历史文化、风土人情各具特色。例如，欧洲各国的广场，或是朴实亲切、或是庄严理智、或是动人浪漫，都会令人们流连忘返并留下永久的记忆。我们在给城市广场定位前，首先应对该城市自然、人文、经济等方面进行全面的了解，并通过提炼和概括，推敲出能够反映该城市的地域性、文化性和时代性的主题和将要采用的风格。

有准确定位的主题广场，也是具有鲜明个性的广场。在广场的特色形成中，广场的“符号”如雕塑、铺装、喷水池、公共设施、亮化、绿化等方面设计的成功与否，同样也起着关键性的作用。设计的创造灵感应源于当地的地域、民俗风情、历史文化和经济状况等。成功的广场雕塑不仅给人们以强大的感染力，而且也是广场主题的体现。不同时期赋予设计者不同的要求和内容。如欧洲中世纪的城市广场雕塑，是以展示君主的个人雕像，宣传君主制统治为主题的雕塑。现代广场雕塑题材丰富，有体现人间亲情“母子情”，有追求回归自然和休闲娱乐的“垂钓”、“下棋”等。另外，广场的雕塑、铺装、喷水池、公共设施等的材质选用，应避免“千篇一律”地采用磨光大理石、玻璃钢等，如护栏、垃圾箱、电话亭等在造型上也应有独创性。

总之，城市广场设计应突出城市地域性、文化性、时代性、整体性、艺术性和趣味性。只有准确定位的广场才能够很好地反映城市的脉络，才能有特色和内聚力与外引力。

以历史事件为题材的欧洲某广场

鞍山的胜利广场，是一个主题明确的广场，以雕塑表现“鞍山在我心中、我为鞍山奉献、鞍山为我自豪”的鞍山人精神

美国华盛顿越战纪念碑的设计，主题明确，构思独特。以19个与真人尺度相似的士兵群雕，坐落在一片开阔的草坪上。设计者巧妙地利用一年四季的气候变化，真实地再现当年战争的残酷性，表现了“战争对于生命的摧残”这一主旋律

第四章 城市广场的客体要素设计

本章要点

- 广场周边建筑组合关系
- 广场道路的设计
- 广场合理的绿化
- 广场的色彩运用
- 广场的水体设置
- 广场的地面处理
- 广场的小品设计

第1节 广场与周边建筑组合关系

城市广场是由周边建筑为背景围合而形成的，这些周边的建筑不仅构成了广场的要素，也使广场成为视觉焦点，形成了广场的空间界限，同时周边的建筑和景观也体现了一个城市的特点并潜藏了丰富的城市生活内涵，广场和周边的客体要素密不可分，成为空间结构的一个重要组成部分。所以，设计城市广场时，不仅要考虑广场的主体本身，广场的周边客体要素也应同时予以考虑。

广场空间只有围合界面都处于封闭时，才能给人们一种整体感和安全感。封闭性广场大多是由周边的建筑物围合而成。广场的空间尺度与周边建筑物的高度均影响广场的围合感。另外，广场的角部处理也是形成围合的关键。

一、广场周边建筑界面高度与广场的空间尺度

关于这方面已有众多专家的理论与实验，依据多数专家的理论，作以下介绍：

当周边围合的建筑界面高度为H,人与建筑物的距离为D，在D与H的比值不同的情况下围合的程度也不相同。

当D:H=1，即垂直视角为45°，这个比例，是全封闭广场的最小空间尺度，可观赏到建筑细部，同时也是观赏建筑物单体的极限角度。可以产生良好的封闭感，给人一种安定感，并使广场空间具有较强的内聚性和防卫性。小尺度封闭空间广场多见于庭院广场及欧洲中世纪的一些广场。

当D:H=2，即垂直视角为27°，这个比例是创造封闭性空间的极限。但是，作为观赏建筑全貌，此角度较理想。

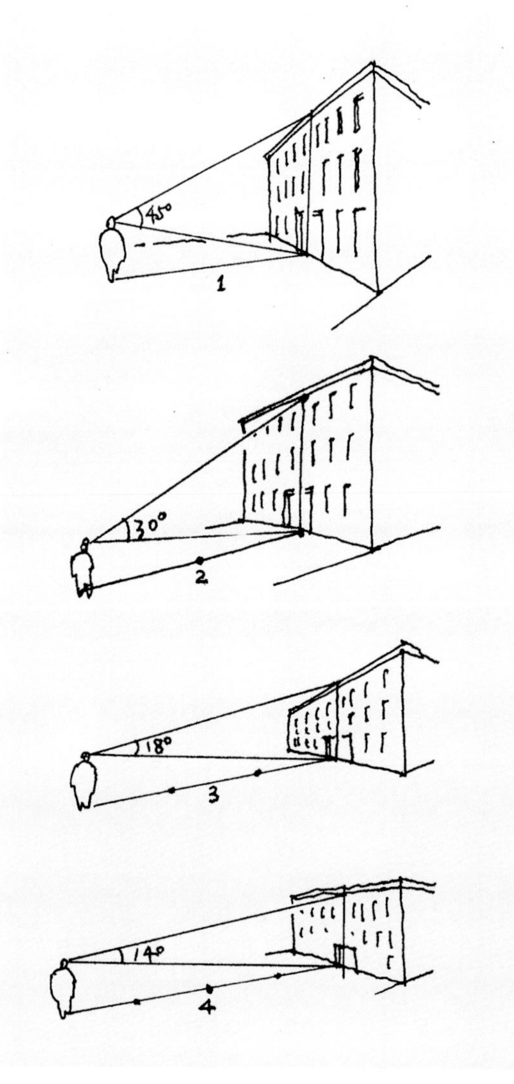

建筑高度与广场宽度比值示意图

ENVIRONMENTAL DESIGN

建筑高度与广场宽度比值

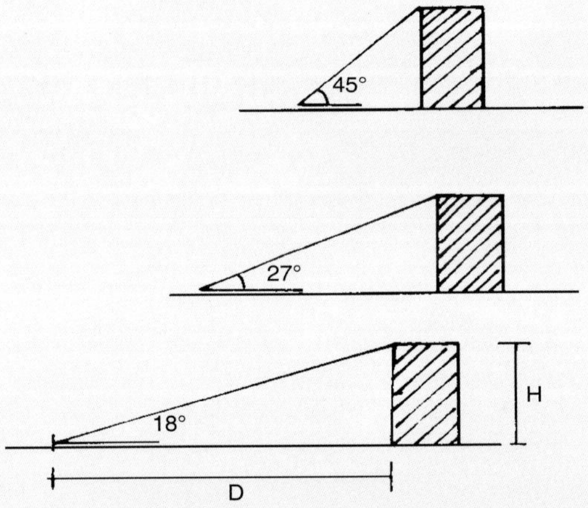

实体高度与观赏距离比值

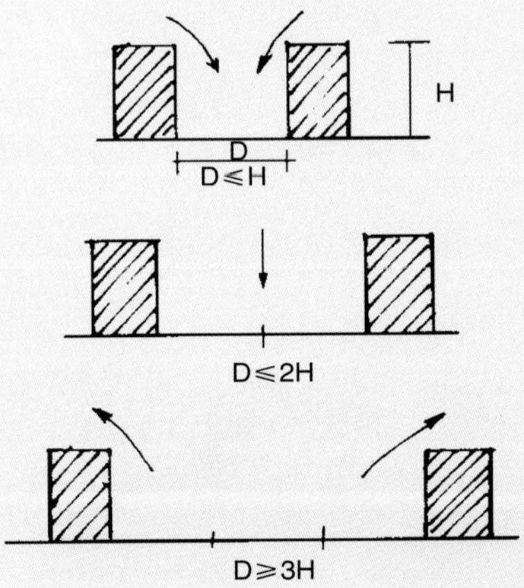

当 D:H=3，即垂直视角为 18°，这时观赏到的不仅一个建筑物，还可以观赏到建筑群的背景。如果低于 18°时，广场周边的建筑立面如同平面的边缘，起不到围合作用，广场的空间失去了封闭感。使人产生一种离散、空旷、荒漠的感觉。目前国内有一些超大型所谓现代城市广场，给人一种大而空，冷漠的缺乏人性化的广场空间。

按照阿尔伯蒂设计理论所推荐的最大尺度：

周边是三层楼的广场，广场面积应是 73~91 平方米。

周边是四层楼的广场，广场面积应是 97~109 平方米。

周边是七层楼的广场，广场面积应是 137 平方米。

好的城市广场设计，不仅要求周边建筑物具有合适的高度和连续性，而且要求广场的面积要合理。如果广场面积过大，周边的建筑高度又过矮，容易造成与周边建筑物关系脱节，难以形成封闭性的空间。反之，如果广场面积过小，周边建筑过高，广场虽有围合性，又会给人一种压抑感和不安全感。

另外，我们在设计时，政府的有关规定也是重要依据，不可盲目设计。以下是建设部等四部委 2004 年 2 月份对城市各类广场的用地面积做出明确规定：“小城市和镇不得超过 1 公顷，中等城市不得超过 2 公顷，大城市不得超过 3 公顷，人口规模在 200 万以上的特大城市不得超过 5 公顷”。

二、广场空间的角度处理

广场空间角度的处理，对于广场的围合效果同样也起着关键作用。广场围合界面开口越多，围合的效果就越差，周边建筑物多而高并且广场空间封闭性好，围合的感觉就越强。当然，随着时代的发展，人们对空间的认同也在不断的变化，但其宗旨还应是以人为本。

下面就一些常见的广场空间组合关系做以分析：

1.四角封闭的广场空间

a.道路从广场中心穿过四周建筑

此种设计，虽然四角封闭，但因其道路以广场中央为中心点穿过四周建筑，使得广场空间用地零碎，被均分为四份，造成了广场整体空间被支解的局面，因此很难达到内聚力的效果。为了避免广场的整体空间被分割，应尽量使广场周边的建筑物形式统一，可在广场中央安置较宏伟的雕塑，借以加强广场空间的整体性。

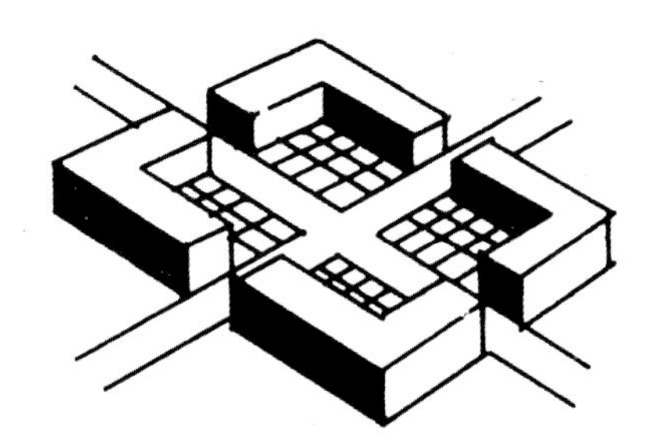

广场与建筑组合关系
道路从广场中心穿过四周建筑

b.道路从广场中心穿过两侧建筑

与上述相同，四角封闭，道路仍然穿过广场中央，将广场一分为二，广场整体空间被打破，形成了无主无从的局面。

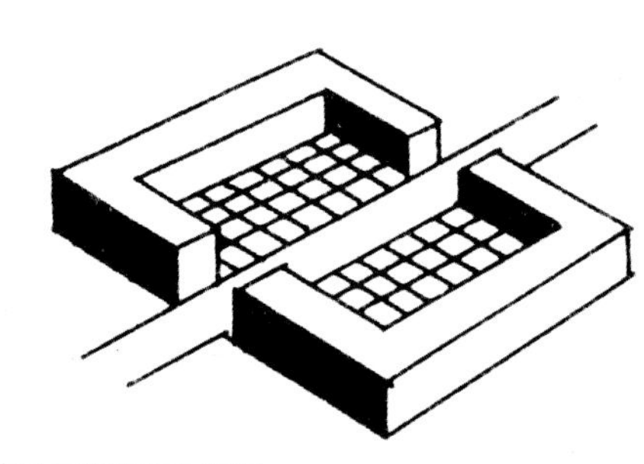

广场与建筑组合关系
道路从广场中心穿过两侧建筑

c.道路从广场中心穿过一侧建筑

当道路从建筑的一侧进入广场，虽然四角依然呈封闭状，但显示了主次关系，使得广场具有很强的内聚力，是较封闭的一种形式。

2.四角敞开型广场空间

a.四角敞开格网型广场空间

四角敞开型广场空间，多见于格网型广场。格网型广场由于道路从四角引入。缺点是道路将广场周边建筑四角打开，使广场与周边建筑物分开，导致了广场空间的分解，从而削弱了广场空间的封闭性和安静性。

b.四角敞开道路呈涡轮旋转形式

以涡轮旋转形式穿过广场，这种广场的特点是当人们由道路进入广场时，可以以建筑墙体为景。虽然是四角敞开，但仍然给人们一种完整的围合感觉。

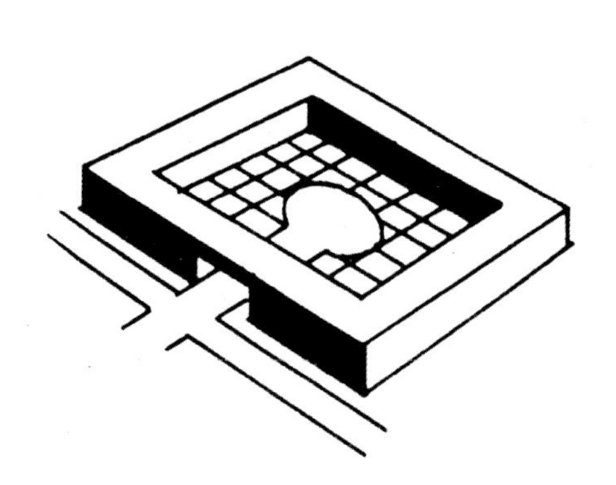

广场与建筑组合关系
道路从广场中心穿过一侧建筑

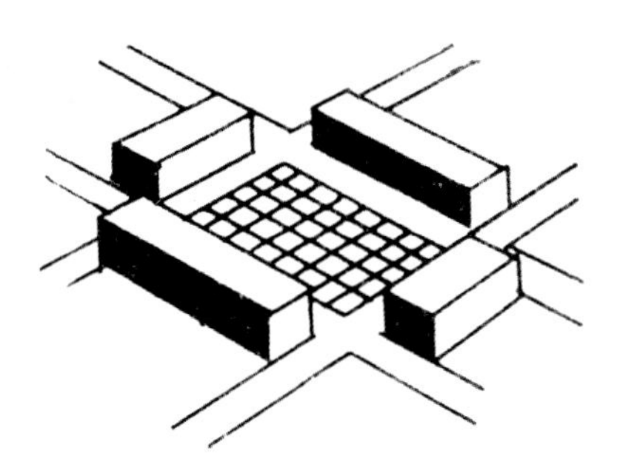

广场与建筑组合关系
四角敞开式广场空间

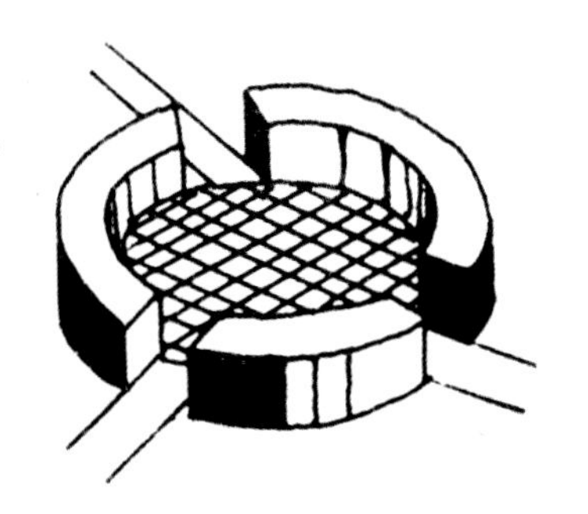

广场与建筑组合关系
四角敞开道路呈涡轮
旋转形式

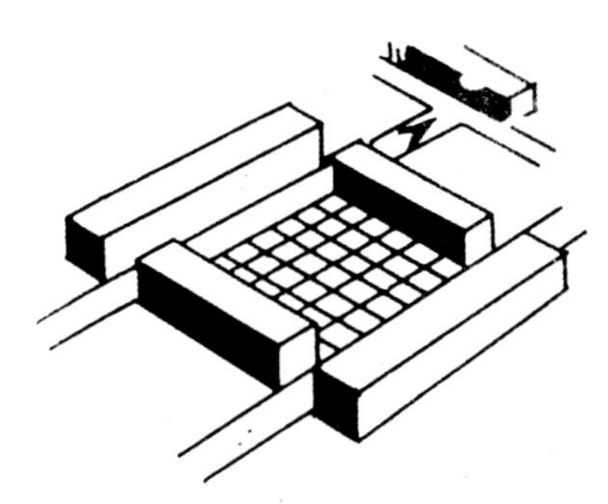

广场与建筑组合关系
两角敞开的半封闭广
场空间

c.两角敞开的半封闭广场空间

当四周围合的界面其中一个被道路占用，就形成了两角敞开的半封闭广场空间。在半封闭空间中，往往与开敞空间相对的建筑起着支配整个广场的作用。此建筑又称为主体建筑。为了加强广场的整体性和精彩感，可以采用在广场中央安置雕塑并以主体建筑为背景。此类广场是较为常见的设计，它的优点是，当人们由外面进入广场空间时，既可以欣赏广场内的主体建筑宏伟壮丽的景观又可以观赏广场外的开敞景色，也属于封闭性广场中的一种。这类广场在国内外有许多例子。

威尼斯圣马可广场就是这方面很好的例子，圣马可广场具有良好的围合性，广场与周边建筑设计风格和谐一致，使人感受到强大的广场凝聚力及精美建筑的艺术性。

d.圆形辐射状广场空间

圆形围合界面广场空间，一般均有多条道路从广场中心向广场四面八方辐射。有较强的内聚力。

巴黎星形广场会合 12 条大道，建筑围绕着广场周边布置，形成圆形围合界面。以凯旋门为中心，将所有的建筑紧紧地吸引在广场周围。大连中山广场，是圆形围合界面的广场，共有 10 条道路通过广场中央向周边辐射，达到了广场与周边建筑共存的境地。此广场是集文化娱乐兼交通道路引导为一体的复合型广场。

e.隐蔽性开口与渗透性界面

广场与周边建筑的另一种围合关系，是通过拱廊、柱廊的处理来达到既保证围合界面的连续性，又保证空间的通透性。设计最完美的形式出现在古希腊和古罗马时期。实践证明人们并不总是希望在完全封闭与外界隔离的空间里逗留，在追求安静和安全的情况下，又愿意与广场外界保持联系。此种设计给人们的这种心理要求提供了可能性。古代希腊人利用规模宏大的柱廊作为广场的围合界面，一排排整齐有节奏感的石柱将空间紧密地围合在一起，这种强烈的视觉冲击力，在给人们带来了装饰美感的同时又保持了极大的围合性和完整性，更重要的是使空间具有通透性。此外，柱廊式广场功能的另一个优点是，可以起到通风避雨和遮阳的作用，特别是在气候炎热的地方，尤为适合。这方面可供参考的例子有许多，最具代表性的是著名建筑师伯尼尼设计的罗马圣彼得广场，广场为梯形加椭圆形，长 340 米，最大直径为 240 米，周围采用罗马塔斯干柱廊环绕。人们站在广场中不禁为它的宏伟壮观而感叹。为它精湛动人的艺术而折服。

ENVIRONMENTAL DESIGN

三、广场整体空间组织

在广场设计中，不应仅仅考虑孤立的广场空间，应将与广场有关联的城市各种因素进行全盘考虑和设计，视广场设计为整体空间设计中不可分割的一个部分，将几个不同形式的公共空间组合成一组完整的广场空间。有些公共空间之间的形式是有规则的，也有些公共空间之间的形式是无规则的，使其成为城市中有序的有方向性的整体空间，这方面欧洲城市广场空间组织可堪称为典范。罗马圣彼得广场，采用轴线的手法，将圣彼得大教堂、列塔广场、方尖碑广场、鲁斯蒂库奇广场串联起来，构成有序完整的组群空间。法国南锡广场、星形广场也是很好的范例，利用轴线的设计手法，将每一个广场都与主轴线密切结合，形成了一个个感人富有变化的序列空间。

罗马圣彼得教堂广场，采用罗马塔斯干柱廊围合而成

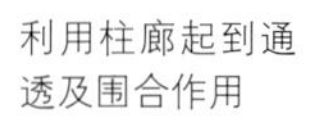

利用柱廊起到通透及围合作用

第2节 广场与周边道路组合关系

通向广场的道路的连接关系及与广场连接的角度可分为：

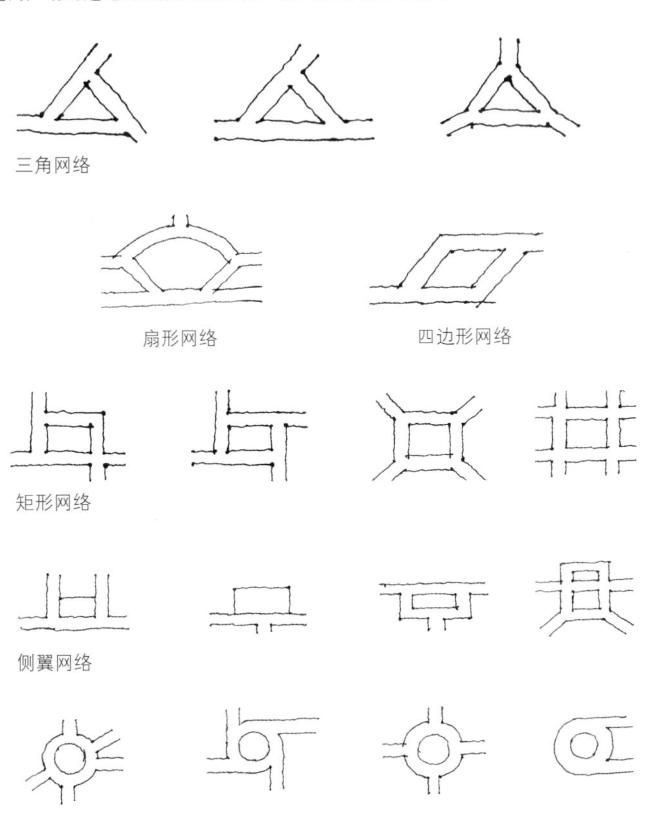

广场周边道路的布局以及道路的特征（包括：方向性、连续性、韵律与节奏等），都直接影响到城市广场的面貌、功能和人们活动的空间环境，道路是广场周边众多制约广场因素之一。城市广场道路的设计应以城市规划为依据，依靠广场的性质等因素来进行全盘考虑。

彭一刚先生在《建筑空间组合论》关于城市外部空间的序列组织中谈到：城市外部空间程序组织的设计应首先考虑主要人流必经的道路，其次还要兼顾到其他各种人流活动的可能性。只有这样，才能保证无论沿着哪一条流线活动，都能看到一连串系统的、完整的、连续的画面。他将外部空间序列组织概括如下：1.沿着一条轴线向纵深方向逐一展开；2.沿纵向主轴线和横向副轴线作纵、横向展开；3.沿纵向主轴线和斜向副轴线同时展开；4.作迂回、循环形式的展开。

利用轴线组织空间，给人以方向明确统一的感觉，可以形成一整套完整而富有变化的序列空间。迂回、循环形式的组织空间，如同乐曲，给人一种可以自由流动的连续空间感。强调动态视觉美感。

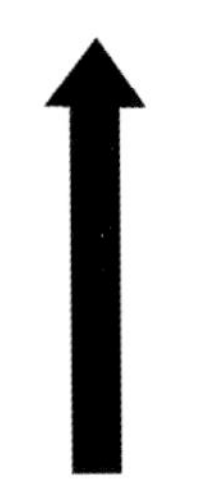
沿着一条轴线向纵深方向逐一展开

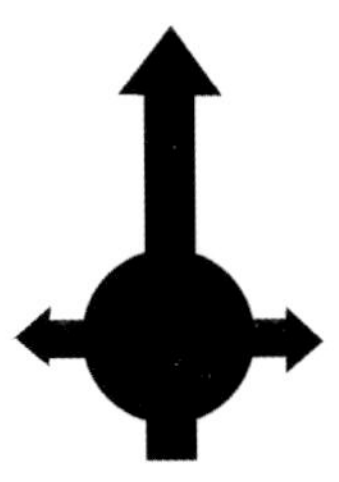
沿纵向主轴线和横向副轴线作纵、横向展开

沿纵向主轴线和斜向副轴线同时展开

作迂回、循环形式的展开

第3节 广场绿化

完整的城市广场设计应包括广场周边的建筑物、道路和绿地的规划设计。广场绿化设计和其他广场元素一样，在整体设计中起着至关重要的作用，它不仅为人们提供了休闲空间，起到美化广场的作用，而更重要的是它可以改善广场的生态环境，提供人类生存所必需的物质环境空间。

经过科学实验证明“大气中的氧气主要由地球上的植物提供，一棵树冠直径15米，覆盖面积170平方米的老桦树，白天每小时生成氧1.71公斤；每公顷树林每天供氧10~20吨。”

绿化覆盖率每增加10%，气温降低的理论最高值为2.6%，在夜间可达2.8%，在绿化覆盖率达到50%的地区，气温可降低将近5℃。

由此可见，广场绿化的重要性。广场绿化要根据广场的具体情况及广场的功能、性质等进行设计。如纪念性广场，它的主要功能是为了满足人们集会、联欢和瞻仰的需要，此类广场一般面积较大，为了保持广场的完整性，道路不应在广场内穿越。避免影响大型活动，保证交通畅通，广场中央不宜设置绿地、花坛和树木，绿化应设置在广场周边。布局应采用规则式，不宜大量采用变化过多的自由式，目的是创造一种庄严肃穆的环境空间。目前广场的功能逐渐趋于复合化，虽然是性质较为严肃的纪念广场，但是人们在功能上也提出了更高的要求。在不失广场性质的前提下，可以利用绿地划分出多层次的领域空间，为人们提供休息的空间环境的同时也丰富广场的空间层次。为了调解广场气氛及美化广场环境，可配置色彩优雅的花坛、造型优美的草坪、绿篱等。避免有些广场为了在冬天也有绿化效果，绿化千篇一律采用大量的常青翠柏，每当人们走进广场就犹如走进烈士陵园，使人们感到过于压抑、拘谨和严肃。

休闲广场的设计应遵循“以人为本”的原则，以绿为主。广场需要较大面积的绿化，整体绿化面积应不少于总面积的25%，为人们创造各种活动的空间环境，可利用绿地分隔成多种不同的空间层次，如：大与小、开敞与封闭等空间环境（如私密的情侣、朋友等的交谈），满足人们的需要。绿化整体设计可采用栽种高大的乔木、低矮的灌木、整齐的草坪、色彩鲜艳的花卉，设置必要的水景及放养小动物等。从而产生错落有致、参差多变、层次丰富的空间组合，构成舒展开阔的巧妙布局。当人们走进广场仿佛置身于森林、草地、湖泊之中。享受在鸟语花香的人间天堂里。合理绿化，不但可以美化广场环境而且还可以起到为人们遮阳避雨、减少噪音污染、减弱大面积硬质地面受太阳辐射而产生的辐射热，改善广场小气候的作用。

交通广场的功能主要是组织和疏导交通，因此汽车流量非常大，为了减少汽车尾气和噪音污染，保持广场空气清新，实践证明种植大量花草树木可以达到良好的吸尘减噪的效果。另外，设置绿化隔离带，可采用一些低矮的灌木、草坪和花卉，树高不得超过70cm，以避免遮挡驾驶员的视线，保证行车安全，可以起到调节驾驶员和乘客的视觉作用。绿化布局应采用规则式，图案设计应造型简洁、色彩明快，以适应驾驶员和乘客的瞬间观景的视觉要求。广场中央可配置花坛起到装饰广场的作用。

ENVIRONMENTAL DESIGN

绿化组织形式可分为：规则式与自然式两种形式。

规则式组织特点：庄重，平稳。但是如果处理不当，易造成过于单调的感觉，应适当加以变化。

自然式组织特点：生动活泼，富有变化。处理不当，易造成杂乱无章的效果。应考虑适当统一树种、花种，将色彩统一在总色调之内。不建议在交通广场上使用，因车速高，不利于人的视觉转换，给人们造成不安全的感觉，所以一般不采用自然式组织形式。

我国目前大部分城市都确定了市花和市树（哈尔滨市——丁香、上海市——白玉兰、沈阳市——玫瑰、洛阳市——牡丹、广州市——红棉……沈阳市——油松、厦门市——凤凰树、武汉市——水杉、宜兴市——香樟树……），市花和市树代表一个城市的地域文化，也成为一个城市标志植物。广场作为城市的窗口，栽种市树、市花是必不可少的。科学绿化，结合当地的气候、气象、土壤等情况，栽种花草树木，不应仅为了美观，将南方热带的植物引入寒冷的北方，否则，会造成昙花一现的效果。

新颖独特的广场绿化造型

交通广场的绿化，采用草坪和低矮的树木，起到美化环境、缓解架驶员和乘客视疲劳的作用

ENVIRONMENTAL DESIGN

奥地利萨尔斯堡米拉贝尔花园广场局部
精致的奇花异草为广场绿化增添了美丽丰富的表情

奥地利萨尔斯堡米拉贝尔花园广场
利用乔木、灌木、花草等，大面积覆盖广场周边，使得整个广场空间更加妩媚动人

ENVIRONMENTAL DESIGN

欧洲某广场
色彩优雅的花坛，造型别致的绿篱，为广场增添了无限生机和感染力

ENVIRONMENTAL DESIGN

欧洲某广场
利用灌木修剪出整齐的几何图案，看上去如同立体绒绣一般

广场绿化一角

奥地利萨尔斯堡
米拉贝尔花园广场

绿化图例图示标准

序号	名称	图例	说明
3.1.1	规划的建筑物		用粗实线表示
3.1.2	原有的建筑物		用细实线表示
3.1.3	规划扩建的预留地或建筑物		用中虚线表示
3.1.4	拆除的建筑物		用细实线表示
3.1.5	地下建筑物		用粗虚线表示
3.1.6	坡屋顶建筑		包括瓦顶、石片顶、饰面砖顶等
3.1.7	草顶建筑或简易建筑		
3.1.8	温室建筑		

序号	名称	图例	说明
3.2.1	自然山石假山		
3.2.2	人工塑石假山		
3.2.3	土石假山		包括“土包石”、“石包土”及土假土
3.2.4	独立景石		

水　体

序号	名称	图例	说明
3.3.1	自然形水体		
3.3.2	规则形水体		
3.3.3	跌水、瀑布		
3.3.4	旱洞		
3.3.5	溪涧		

小品设施

序号	名称	图例	说明
3.4.1	喷泉		仅表示位置，不表示具体形态，以下同也可依据设计形态表示
3.4.2	雕塑		
3.4.3	花台		
3.4.4	坐凳		
3.4.5	花架		
3.4.6	围墙		上图为实砌或漏空围墙；下图为栅栏或篱笆围墙
3.4.7	栏杆		上图为非金属栏杆；下图为金属栏杆
3.4.8	园灯		
3.4.9	饮水机		
3.4.10	指示牌		

绿化图例标准，引自中华人民共和国行业标准 CJJ67-95《风景园林图例图标标准》

绿化图例图示标准

工程设施

序号	名称	图例	说明
3.5.1	护坡		
3.5.2	挡土墙		突出的一侧表示被挡土的一方
3.5.3	排水明沟		上图用于比例较大的图面 下图用于比例较小的图面
3.5.4	有盖的排水沟		上图用于比例较大的图面 下图用于比例较小的图面
3.5.5	雨水井		
3.5.6	消火栓井		
3.5.7	喷灌点		
3.5.8	道路		
3.5.9	铺装路面		
3.5.10	台阶		箭头指向表示向上
3.5.11	铺装场地		也可依据设计形态表示
3.5.12	车行桥		也可依据设计形态表示
3.5.13	人行桥		
3.5.14	亭桥		
3.5.15	铁索桥		
3.5.16	汀步		
3.5.17	涵洞		
3.5.18	水闸		
3.5.19	码头		上图为固定码头 下图为浮动码头
3.5.20	驳岸		上图为假山石自然式驳岸 下图为整形砌筑规划式驳岸

植物

序号	名称	图例	说明
3.6.1	落叶阔叶乔木		3.6·1–3.6·14 中 落叶乔、灌木均不填斜线； 常绿乔、灌木加画 45 度细斜线。 阔叶树的外围线用弧裂形或圆形线； 针叶树的外围线用锯齿形或斜刺形线。 乔木外形成圆形； 灌木外形成不规则形乔木图例中粗线小圆表示现有乔木，细线小十字表示设计乔木。 灌木图例中黑点表示种植位置。 凡大片树林可省略图例中的小圆、小十字及黑点
3.6.2	常绿阔叶乔木		
3.6.3	落叶针叶乔木		
3.6.4	常绿针叶乔木		
3.6.5	落叶灌木		
3.6.6	常绿灌木		
3.6.7	阔叶乔木疏林		
3.6.8	针叶乔木疏林		常绿林或落叶林根据图面表现的需要加或不加 45 度细斜线

绿化图例图示标准

序号	名称	图例	说明
3.6.9	阔叶乔木密林		
3.6.10	针叶乔木密林		
3.6.11	落叶灌木疏林		
3.6.12	落叶花灌木疏林		
3.6.13	常绿灌木密林		
3.6.14	常绿花灌木密林		
3.6.15	自然形绿篱		
3.6.16	整形绿篱		
3.6.17	镶边植物		
3.6.18	一、二年生草本花卉		
3.6.19	多年生及宿根草本花卉		
3.6.20	一般草皮	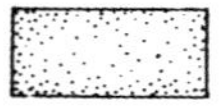	
3.6.21	缀花草皮		

(续)

序号	名称	图例	说明
3.6.22	整形树木		
3.6.23	竹丛		
3.6.24	棕榈植物	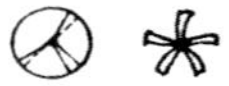	
3.6.25	仙人掌植物		
3.6.26	藤本植物		
3.6.27	水生植物	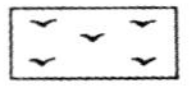	

枝干形态

序号	名称	图形	说明
4.1.1	主轴干侧分枝形		
4.1.2	主轴干无分枝形		
4.1.3	主轴干无多枝形		

第4节 广场的色彩

任何一个城市广场的色彩都不是独立存在的，均要与广场周边环境的色彩融为一体，相辅相成。广场设计应尊重城市历史，切不可将广场的色彩与周边的建筑色彩相脱节，形成孤岛式的广场。所以，正确运用色彩是表现城市广场整体性的重要手段之一，成功的广场设计应有主体色调和附属色调。一般欧洲城市广场周边的建筑大部分都不是与广场同时期完成，因历史的原因，有些建筑历经百年、千年甚至更多的年代完成，逐渐形成了封闭围合式广场，广场的周边建筑已经和广场构成了密不可分的统一整体。周边建筑色彩本身积淀着城市的历史文化。为了保护历史的文脉，显示历史的原貌，应尽量保持原建筑的传统色彩，以显示该城市的历史文化底蕴。被誉为世界广场设计经典的“欧洲最美丽的客厅”圣马可广场，其地面铺装与周边的建筑均采用石材质，形成了统一和谐的米黄色主旋律，使人们感受到如画般的广场景观和城市悠久的历史文化底蕴。

广场色彩应决定于广场的功能和性质，例如纪念性广场，色彩一般应凝重些，给人以庄严、稳重的感觉。色相不可过多，避免给人一种杂乱无章，眼花缭乱的感觉。商业广场可以色彩变化丰富些，以适应商业广场的性质（利于促进消费，激发人们的购买力）。休闲广场的色调应给人以温馨、舒适、充满文化底蕴的感觉。

广场色彩标志着一个城市的现代精神文明水准，由于现代城市广场采用的新材料、新技术、新工艺等五花八门，构成城市广场的因素又是多方面的（自然的、人工的、固定的、流动的），所以，如果不进行色彩统一规划和设计，而是随心所欲地乱施色彩，就难以形成广场统一和谐的格局。美国色彩学家阿波特认为：色彩的统一性、一致性便构成了和谐的性格。怎样在缤纷繁杂的色彩中达到和谐统一的目的，主要应从以下两方面进行考虑：1.广场与周边自然环境色彩的统一。2.广场元素之间色彩的统一。只有色彩和谐的广场才能体现城市的现代文明程度，才能使人们感受到欢快和愉悦。

巴黎圣母院前广场，以米黄色石材为主调

ENVIRONMENTAL DESIGN

威尼斯广场

广场路面色彩与自然环境相和谐

整体色彩统一的
巴黎卢浮宫广场

圣彼得广场
大多数广场主调的形成，多以材料自身色彩质地为依据，构成稳定朴素的色彩风格

广场的整体色彩和谐统一

以当地的特有石材原色形成主色调的欧洲广场

第5节 广场水体

卢森堡的广场喷泉

水被人们誉为“生命之源”，人们需要水，就像需要阳光、空气、食物一样。假如没有水，地球上的一切生命都无法存在，可见人类对水的依赖性有多么大。水除了在生态、气象、工程等方面有着不可估量的价值外，还对人们的生理和心理起着重要的作用。

人类从古至今就对水有强烈的偏好，只要一有机会人们就会亲水、近水、戏水，与大自然接近。水的状态又给人以不同的心理感受：静态的水给人以宁静、安详、轻松、温暖的感觉；动态的水给人以欢快、兴奋、激昂的感觉。无论是涓涓的流水声，还是惊涛拍岸的撞击声，都是那么令人陶醉……

同样城市广场因为增加了水元素的内容，不但可以活跃广场的气氛，还可以丰富广场的空间层次。“水体是城市广场设计元素中最具吸引力的一种，它极具可塑性，并有可静止、可活动、可发音、可以映射周围景物等特性”，概括起来可分为两种形式：

一、水为主体造型方式

如可以用人工造景的方法：模拟自然界中的瀑布、涌泉、喷泉、激流等，“喷泉不仅仅是复制自然，而是将人对自然的体验引入城市环境中来”，增添城市广场中的情趣。

大连海之韵广场，依山而建的人工瀑布，气势磅礴，给人以强烈的震撼力。

具有亲水性的广场

ENVIRONMENTAL DESIGN

鞍山胜利广场——音乐喷泉围绕在主体雕塑的周围，在电脑程序的控制下，时而细雨轻烟，缥缈迷离；时而水柱冲天，美不胜收，形成了动与静的对比

欧洲某广场

ENVIRONMENTAL DESIGN

巴黎协和广场
法国巴黎协和广场的喷泉，节奏优雅而缓慢，犹如奏起的小夜曲

慕尼黑某广场夜景

欧洲某广场
广场中央的喷泉与四周的喷泉疏密有致，人与水相映成趣

ENVIRONMENTAL DESIGN

欧洲某广场

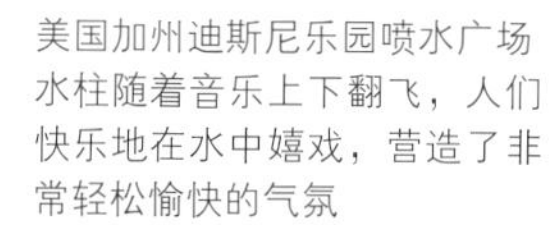

美国加州迪斯尼乐园喷水广场
水柱随着音乐上下翻飞，人们
快乐地在水中嬉戏，营造了非
常轻松愉快的气氛

水花变化丰富的某广场喷水池，水柱可呈涌泉、冰山、云雾等多种效果

宁静优雅的音乐喷泉

ENVIRONMENTAL DESIGN

二、水与其他环境或个体相结合方式

国内外有许多广场是利用地形地貌修建而成，如滨海广场、滨江广场、滨湖广场等。如意大利圣马可广场，广场一侧临水。大连星海广场，犹如广场与大海连为一体。使人们面对辽阔无际的大海，感到心胸无比开阔。沈阳五里河公园广场将广场一侧引入河水中，给人以触手可及的感觉，为人们提供了亲水的极佳环境。

法国枫丹白露

广场一侧深入水中，满足人们的亲水心理

利用地形地貌而设计的水体

广场一侧临海

美国加州旧金山海滨广场——广场与大海融为一体

广场一侧临海

第6节 广场地面铺装

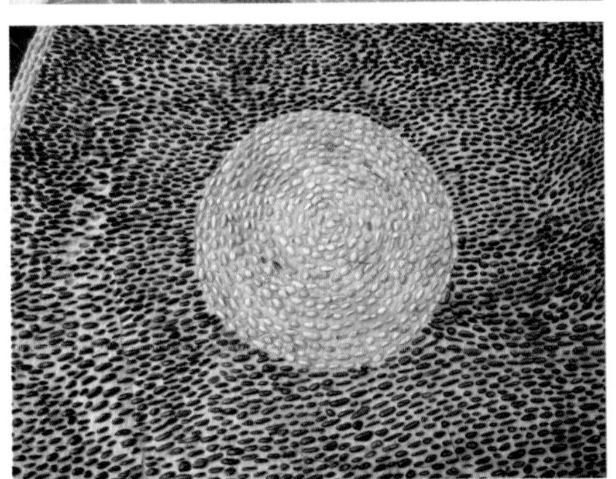

铺装是城市广场设计中的一个重点，广场铺地具有功能性和装饰性的意义。首先是在功能上可以为人们提供舒适耐用（耐磨、坚硬、防滑）的广场路面。利用铺装材质的图案和色彩组合，界定空间的范围，为人们提供休息、观赏、活动等多种空间环境，并可起到方向诱导作用。其次是装饰性，利用不同色彩、纹理和质地的材料巧妙组合，可以表现出不同的风格和意义。

广场铺装图案常见的有规则式和自由式组织形式。规则式有：同心圆、方格网等组织形式。同心圆的组织形式给人一种既稳定又活泼的向心感觉。方格网的组织形式给人一种安定的居留感。自由式组织形式给人一种活泼，丰富的感觉。根据广场的不同性质和功能采用不同的组织方式，可以创造出丰富多彩的空间环境。

常见的铺装地砖形状有：矩形、方形、六边形、圆形、多边形。矩形地砖具有较强的方向性，可有目的的用在广场的道路上，起到引导人们方向的作用。六边形和方形没有明确的方向感，所以应用较广泛。圆形可赋予地面较强的装饰性，但因为它的拼缝处理较难，所以不宜在广场上大面积使用，可在局部采用起到装饰的作用。

地砖表面质感有光面、凹凸粗糙和有纹理等形式。应根据人们使用目的和舒适度来决定采用何种形式，如广场供人们行走的路面尤其是坡路，不宜采用表面过于光滑的地砖，以免雨天和雪天路面太滑人们行走不便。相反，如果广场路面过于凹凸不平，也会减低人们的舒适度，凹凸的路面会磨损人们的鞋底，使人们走起路来很费劲。

地砖表面质感的选择既要考虑人们的使用功能又要考虑视觉效果（远看、近看的效果都应考虑）。

多材质、多肌理、多色彩的组合方式

别有特色的路面设计

同心圆式

规则形图案铺装方式

规则形与不规则形图案对比方式

自由式图案铺装方式的某休闲广场

第7节 广场小品

小品可称为广场设计中的“活跃元素”，它除了起到活跃广场空间、改善设计方案品质的作用外，更主要的是它是城市广场设计中的有机组成部分，所以广场小品设计的好坏，显得尤其重要。城市广场小品在满足人们使用功能的前提下也可满足人们的审美需求。满足人们使用功能的广场小品如座椅、凉亭、柱廊、时钟、电话厅、公厕、售货亭、垃圾箱、路灯、邮筒等；满足人们审美需求的广场小品如雕塑、花坛、花架、喷泉、瀑布等。另外还可以利用广场小品的色彩、质感、肌理、尺度、造型的特点，结合成功的布局，创造出空间层次分明，色彩丰富具有吸引力的广场空间。

广场小品设计应能体现“以人为本”的设计原则，具有使用功能的小品如座椅、健身器材、电话亭等的尺寸、数量以及布局，应能符合人体工程学和环境行为学的原理。一般来说人们喜欢歇息在有一定安全感，具有良好视野并且亲切宜人的空间环境里，不喜欢坐在众目睽睽之下毫无保护的空间环境里。

小品色彩，处理的好可以使广场空间获得良好的视觉效果。中国有一句俗语：“远看颜色，近看花”，色彩很容易造成人们的视觉冲击，巧妙的运用色彩可以起到点缀和烘托广场空间气氛的作用，为广场空间注入无限活力。如果处理的不好易产生色彩杂乱的效果，产生视觉污染。小品的色彩应与广场的整体空间环境相协调，色彩不能过于单调，否则将造成呆板的效果，使人们产生视觉疲劳。小品色彩应与广场的周边环境和广场的主体色相协调。

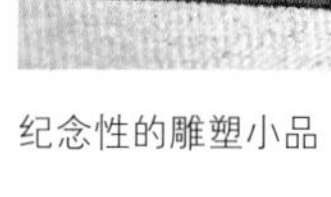

纪念性的雕塑小品

德克萨斯州威廉姆斯广场

ENVIRONMENTAL DESIGN

古典建筑环境中的现代雕塑小品

与周围环境相和谐的雕塑小品

小品造型要统一在广场总体风格中，要分清主从关系。哲学家赫拉克利特指出："自然趋向差异对立，协调是从差异对立而不是从类似的东西产生的。"所以小品的造型要有变化且统一而不单调，丰富而不凌乱。只有这样才能使广场具有文化内涵，风格鲜明，有强烈的艺术感染力。

正如每一座城市都有自己的形象一样，每一个城市广场也应有自己的主题，雕塑小品在城市广场中担负着重要角色，对于广场形象的塑造，起到了画龙点睛的作用。将艺术美、生活美、情感美融为一体，它们是广场的灵魂，吸引了人们，感染了人们。

城市广场雕塑小品的主题确定应能反映一个城市的文化底蕴，代表一个城市的形象，彰显一个城市的个性，能给人们留下深刻的印象。广场雕塑小品作为公共艺术品，影响着人们的精神世界和行为方式，体现着人们的情趣、意愿和理想，把握住积极进取的主格调。

雕塑小品是三维空间造型艺术，为人们在空间环境中，从多方位观赏提供了可能性，所以，它涉及的环境因素有很多。1.雕塑小品的设计应注重与广场自然环境因素相协调，应考虑主从关系，使代表广场灵魂的雕塑小品在杂乱的背景中显现出来。2.雕塑小品与人的距离关系，人是广场的主体，雕塑小品与人的距离远近是关系到小品是否能够完整地呈现出来的关键。人在广场中一般成动态时候较多，所以要考虑雕塑小品大的形与势，不可仅仅注重局部的刻画，所谓"远观其势"就是要看远距离的效果。3.雕塑小品与周边环境的尺度关系，首先要考虑雕塑小品本身各部分的透视角度，其次，要注意雕塑小品与广场环境的尺度。如果广场面积过大，雕塑形体过小，会给人们一种荒芜的感觉。如相反，则会给人们一种局促的感觉。所以，要正确处理好雕塑小品的尺度问题。4.雕塑小品的观赏角度。雕塑小品因是三维空间的造型艺术，人们可以从多角度去欣赏，所以，雕塑小品各个角度的塑造要尽可能的完美，为人们提供一个良好的造型形象。

ENVIRONMENTAL DESIGN

与广场整体风格一致的小品

德克萨斯州威廉姆斯广场水体与群雕的有机结合

与现代建筑和谐统一的“现代”式雕塑小品

欧洲某广场的
雕塑水体小品

一把把遮阳伞，
为广场的人们带
来了丝丝凉爽

广场边一处安静的角落

新西兰 Takapuna 广场，家长可坐在长椅上一边享受清新的空气，一边照料做游戏的孩子

第五章 教学总体计划和课堂作业

本章要点

- 课题式教学计划
- 分周的教学计划
- 教学的进展安排
- 学生应掌握的设计知识
- 学生优秀作品点评

ENVIRONMENTAL DESIGN 教学总体计划

教学课程总学时：五周（80~105学时）

课程名称：城市广场设计

时间程序

第一周

（1）教师授课。

（2）查阅资料。

（3）学生走出教室，到不同环境中去考察，理解和消化教师授课的内容；可用摄影、速写等方法为以后草图收集素材（重点考察：休闲广场、交通广场、商业广场、纪念性广场）。每组根据考察的内容，写出报告书一份。

第二周

（1）各组学生回到教室，综合汇总考察情况，提出问题，由教师进行总结回答问题。

（2）教师确定作业题目。

（3）学生画草图。

（4）分组进行草图评比。

（5）教师根据学生草图情况，选出问题较多和可行性较强的草图，利用抓两头带中间的方法，确定草图方案，为后几周作业确定方向。

第三周

（1）教师根据每一学生的具体情况，分别进行辅导。

（2）评选出设计构思、进展较好的作业。教师做小结。

第四周

（1）教师分别进行辅导。

（2）辅导重点放两头，对成绩较好的作业进行拔高，带动中间成绩。

（3）作业进行展示，学生讨论，进行评比，教师评定。

第五周

（1）作业最后进行调整，教师根据作业收尾出现的问题，进行总结。

（2）全部作业进行展示。

（3）教师综合评定（学生作业构思、听课出席、作业进展等情况）。

（4）装裱，完成阶段。

教材分析

（一）教学目的

教学总体计划 ENVIRONMENTAL DESIGN

通过课堂讲授、学生分组讨论、到实地广场空间环境中去考察、定期小结、作业展示等较完整系列的教学方法，使学生了解中西方城市广场的起源及艺术的特征，认识中西方不同历史时期的城市广场设计指导思想，了解未来城市广场设计发展总趋势，掌握城市广场设计的基本原则，培养学生正确构思和创作的能力。激发学生对城市广场设计的认知。

（二）教学内容提要

1.城市广场起源及定义

2.城市广场的分类

3.历史上中西方城市广场空间形态的发展过程

4.城市广场设计的基本原则

5.城市广场客观要素设计

（三）教学重点与难点

教学重点

第四章与第五章作为本教材的重点，主要阐述了城市广场设计的基本原则和城市广场客观要素设计，通过第四章和第五章的讲授，训练学生按照正确的理论原则指导广场设计。

教学难点

分析中国的国情，如何反映历史文化底蕴，设计有中国特色的“以人为本”的城市广场。

教　　具

教师范画、学生作业照片、中外名作图片、幻灯、投影仪等。

作业要求

第一周

要求学生查阅大量中西方城市广场的资料并走出教室，到不同环境里去观察不同类型、性质的广场，然后学生分组进行讨论，每组提交书面报告一份。

第二周至第四周

要求每人确定平面草图3~4张，广场元素草图8~10张，每人定稿一套（其他草图评分时作为参考）。

第五周

绘制完成。

ENVIRONMENTAL DESIGN 分周教学要求及教学计划进展情况

第一周

教学要求

学生根据教师所讲授的城市广场设计内容，分组到不同环境里去考察并结合所查阅的国内外有关书籍，理解和消化教师课堂里所讲授的理论，收集广场设计的素材。

考察形式

学生分组，每组15~20人，根据考察内容，每组分别提交书面考察报告一份。

考察内容

1组考察休闲广场

考察要求

（1）休闲广场功能及公共服务设施情况。

（2）休闲广场形式。

（3）人在外部空间环境中的行为心理。

（4）休闲广场目前现状和尚不完善的情况。

2组考察交通广场

考察要求

（1）要求区别交通广场的种类、形式。

（2）交通广场功能、实用、美观、经济和持久性等问题。

（3）交通广场目前现状和尚不完善的情况。

3组考察商业广场

考察要求

（1）注意区别商业广场与休闲广场之间的性质和功能。

（2）观察和记录商业广场的各种公共服务设施，哪些能体现“以人为本”的设计原则。

（3）商业广场目前现状和尚不完善的情况。

4组考察纪念广场

考察要求

（1）观察和记录纪念广场的占地面积和使用情况。

（2）纪念广场的性质和功能与休闲广场性质和功能有何不同。

（3）纪念广场目前现状和尚不完善的情况。

作业：报告书（略）

第二周至第四周

教学要求

各组学生回到教室，汇总考察情况，教师根据学生所提问题的代表性、典型性、普遍性进行综合回答问题。然后，根据学生对各种性质的广场设计理论的理解和消化，提出更高的教学目标，要求学生总结城市广场几种类型的性质和功能，设计复合型城市广场，以适应未来城市广场功能多样化、个性化的发展趋势。

教学目的

尝试打破传统教学方法。整个教学方法，从理论到实际、从讨论式到启发式通过循序渐进的方法，培养学生的设计思维方法以及观察事物的准确性，如何发现问题和解决问题的办法，以适应将来毕业后社会实践工作新的挑战。

课　　题

复合型城市广场设计（包括广场元素设计）。

作业要求

每人平面草图3~4张，广场元素草图8~10张，每人最后定稿一套。

ENVIRONMENTAL DESIGN

第二至第四周的休闲广场四种方案草图

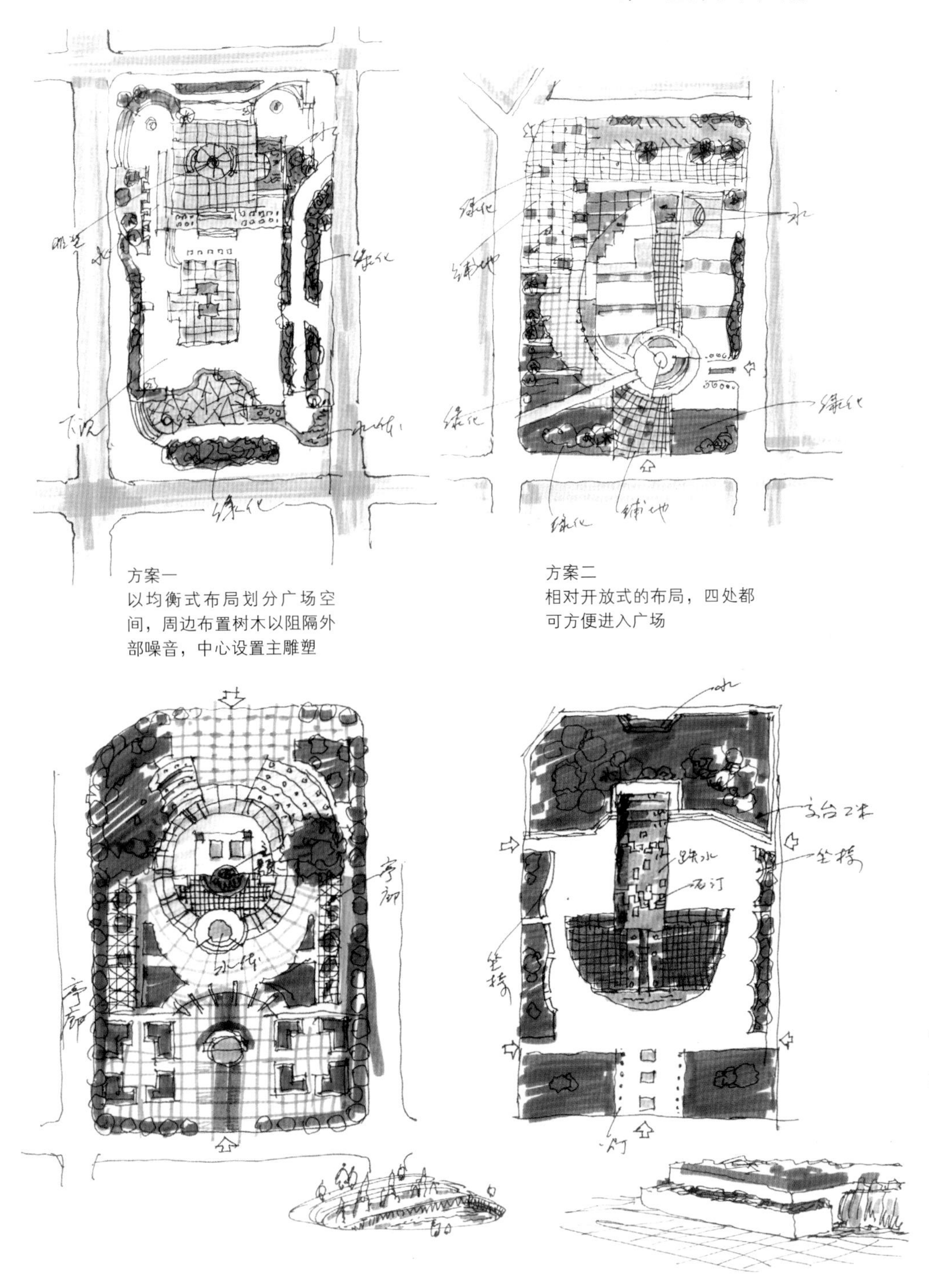

方案一
以均衡式布局划分广场空间，周边布置树木以阻隔外部噪音，中心设置主雕塑

方案二
相对开放式的布局，四处都可方便进入广场

方案三
中轴对称式布局中心下沉，配以广场各元素，使之更富变化

方案四
以高台绿化及大面积水体为主题的广场设计方案

休闲广场四种方案草图（第2~4周）

草图阶段的构思过程，首先确定大的风格，大的总体平面部局与功能分区。在第二周至第四周末，学生必须完成较成熟的草图 3~4 张，由教师审定和指导。

第二至第四周的广场元素草图

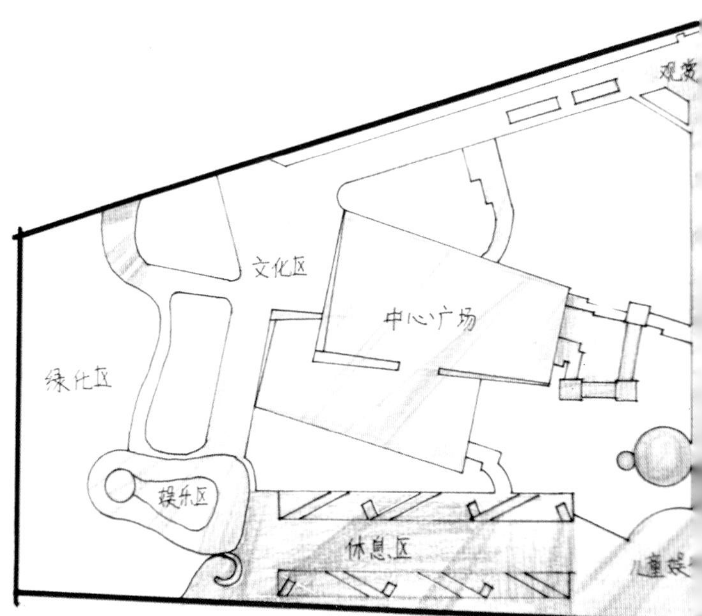

ENVIRONMENTAL DESIGN

第二至第四周的广场元素草图

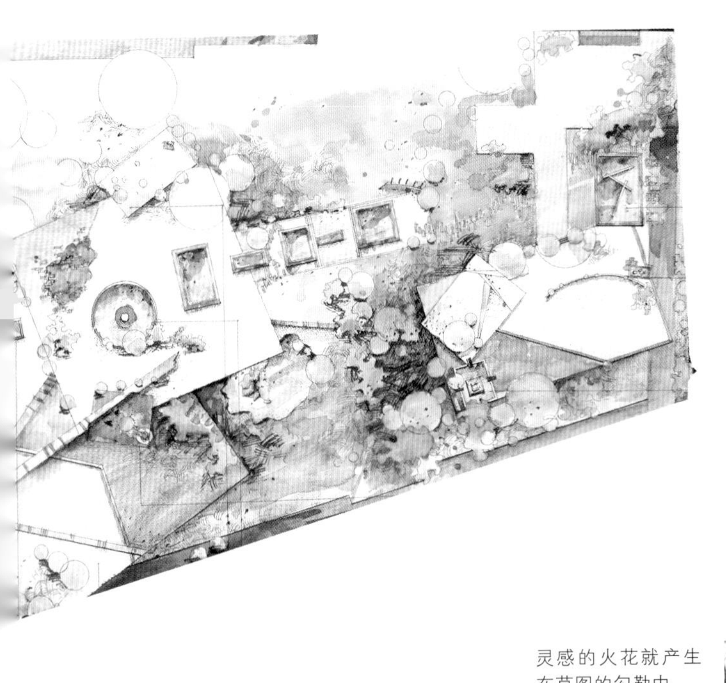

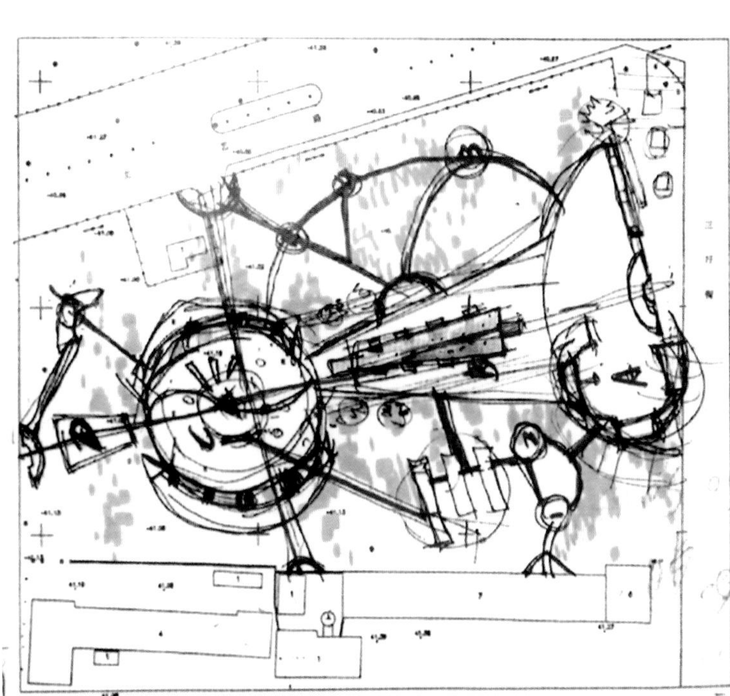

灵感的火花就产生在草图的勾勒中

座椅、花坛、照明于一体的设想

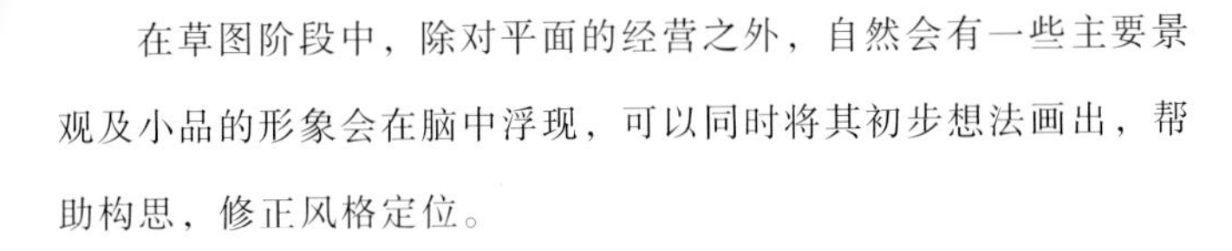

在草图阶段中，除对平面的经营之外，自然会有一些主要景观及小品的形象会在脑中浮现，可以同时将其初步想法画出，帮助构思，修正风格定位。

ENVIRONMENTAL DESIGN

第二至第四周的广场元素草图

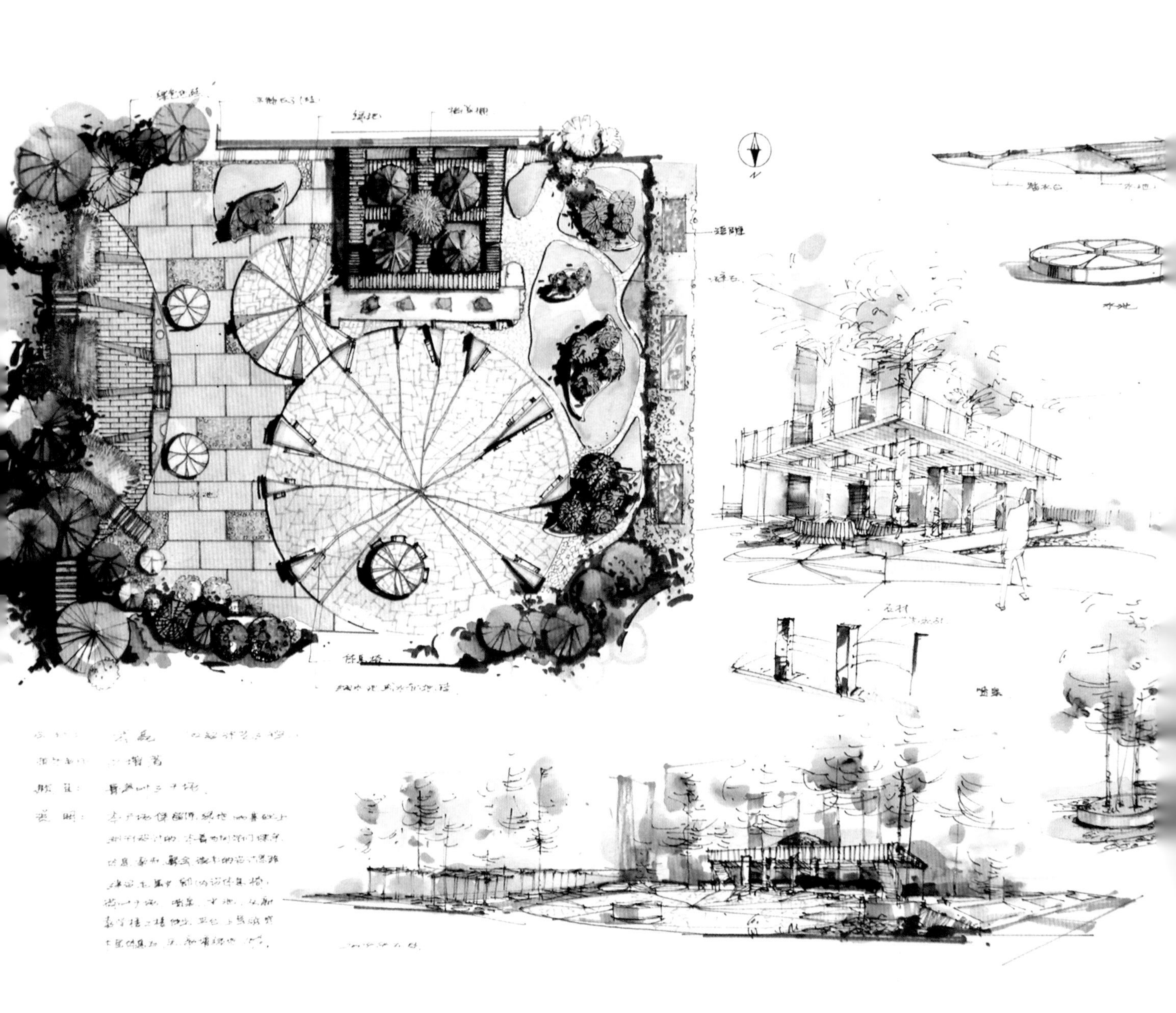

ENVIRONMENTAL DESIGN

第二至第四周的广场元素草图

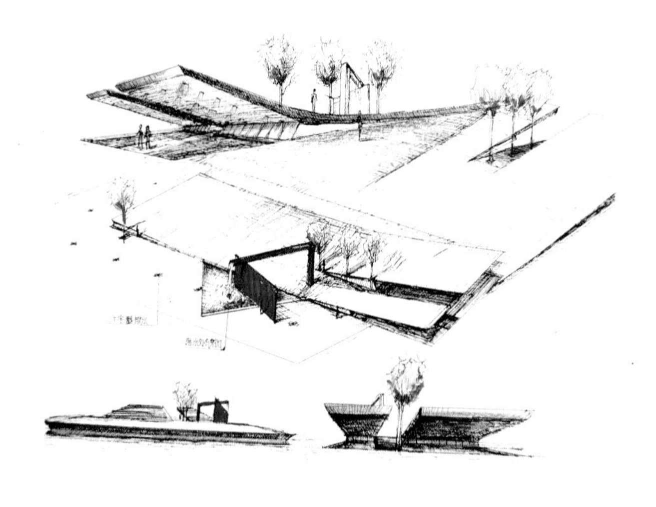

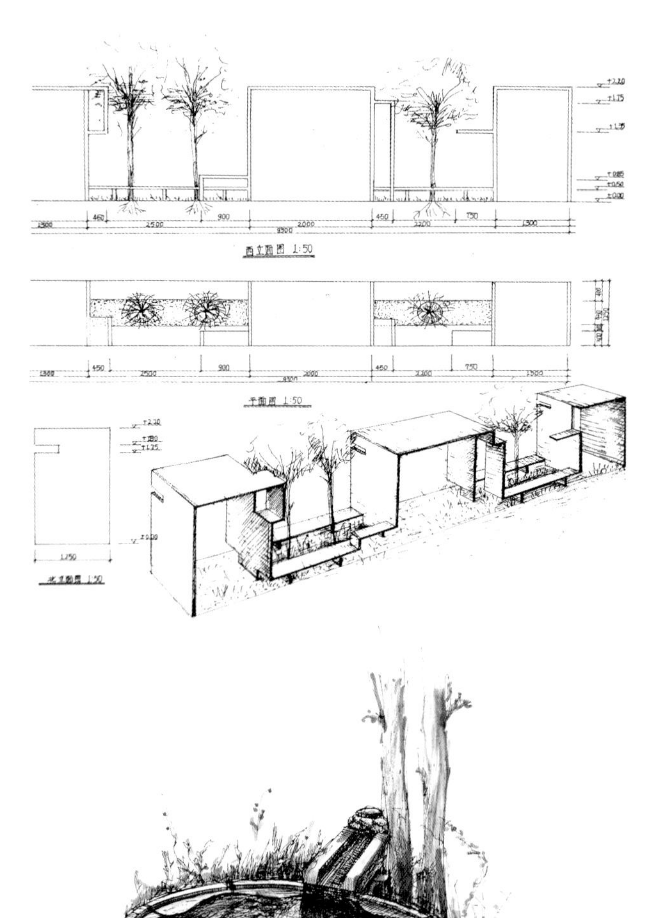
平面图 1:50

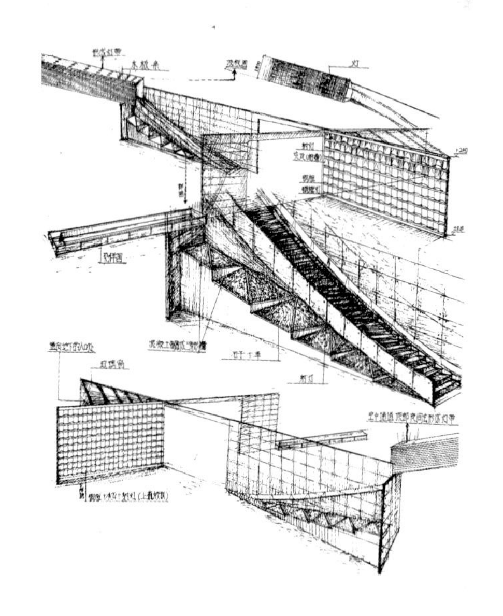

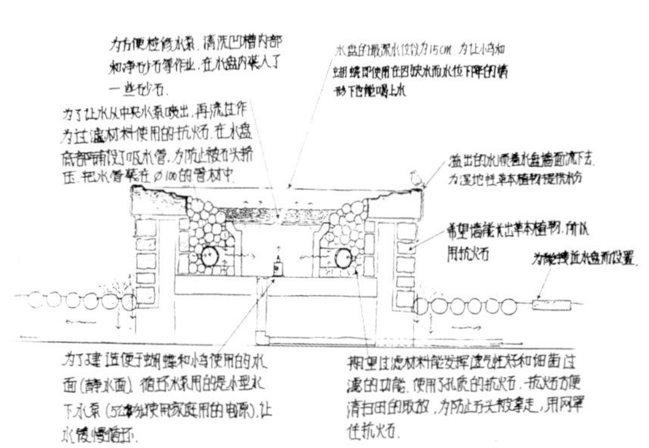
为方便检修水泵、清洗凹槽内部和净砂石等作业，在水盘内装入了一些砂石。
水盘的最深水位设为15cm，为让小鸟和蝴蝶即使在因缺水而水位下降的情形下也能喝上水
为了让水从中央水泵喷出，再流过作为过滤材料使用的抗火石，在水盘底部铺设了吸水管，为防止被石头挤压，把水管装在Ø100的管材中。
溢出的水顺着水盘墙面流下去，为湿地性草本植物提供水分
希望墙能长出草本植物，所以用抗火石
为能接近水盘而设置。
为了建造便于蝴蝶和小鸟使用的水面（静水面），循环水泵用的是小型水下水泵（52W的使用家庭用的电源），让水缓慢循环。
期望过滤材料能发挥滤气性好和细菌过滤的功能，使用了孔质的抗火石。抗火石方便清扫田的取放，为防止石头被拿走，用网罩住抗火石。

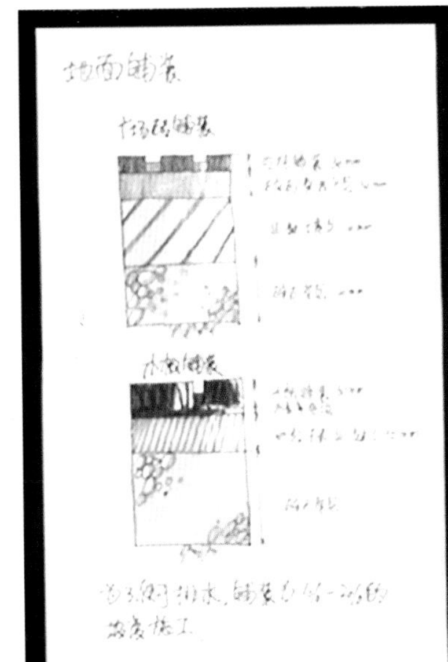

▲④ 活动场内的休息处 [illegible] 这就成为[illegible]人们在学习繁忙的休息时间后[illegible]活动的地方

沙石区的雕塑 [illegible]

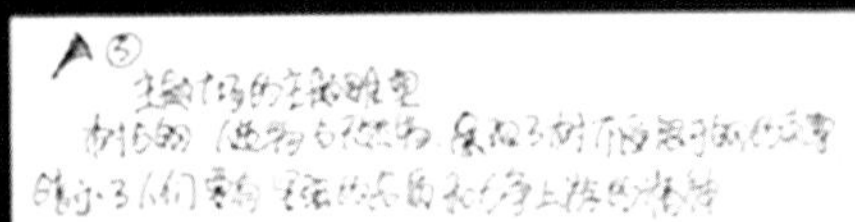

①广场树林内的休息处 ②绿化带 ③主要步道
④沙地雕塑 ⑤主题雕塑 ⑥[illegible]
⑦备径步道 ⑧[illegible] ⑨活动场休息处
⑩[illegible]

设计说明．通常所说的建筑与自然是对立的[illegible]的对比。因为住在建筑物里的人们与自然是[illegible]人们要求尽可能地把自然放在自己的身边。[illegible]所以采用[illegible]广场的[illegible]。首先考虑到广场的周围环境[illegible]。例如，广场采用[illegible]。同时在广场上营造出树林的气氛。中心的主题雕塑采用了象征的手法，DNA的[illegible]和学生[illegible]的成长。并且利用了木材铺装和沙土铺装[illegible]整个广场[illegible]

材料：[illegible]

植物：[illegible] 樟树 [illegible]

地面铺装：广场砖 [illegible]

广场树林 [illegible]

ENVIRONMENTAL DESIGN

第五周完成稿

第五周作业完成

作业要求

每人2张，其中包括：广场平面图、剖面图、小品。以手绘为主。

作业规格：A1图纸

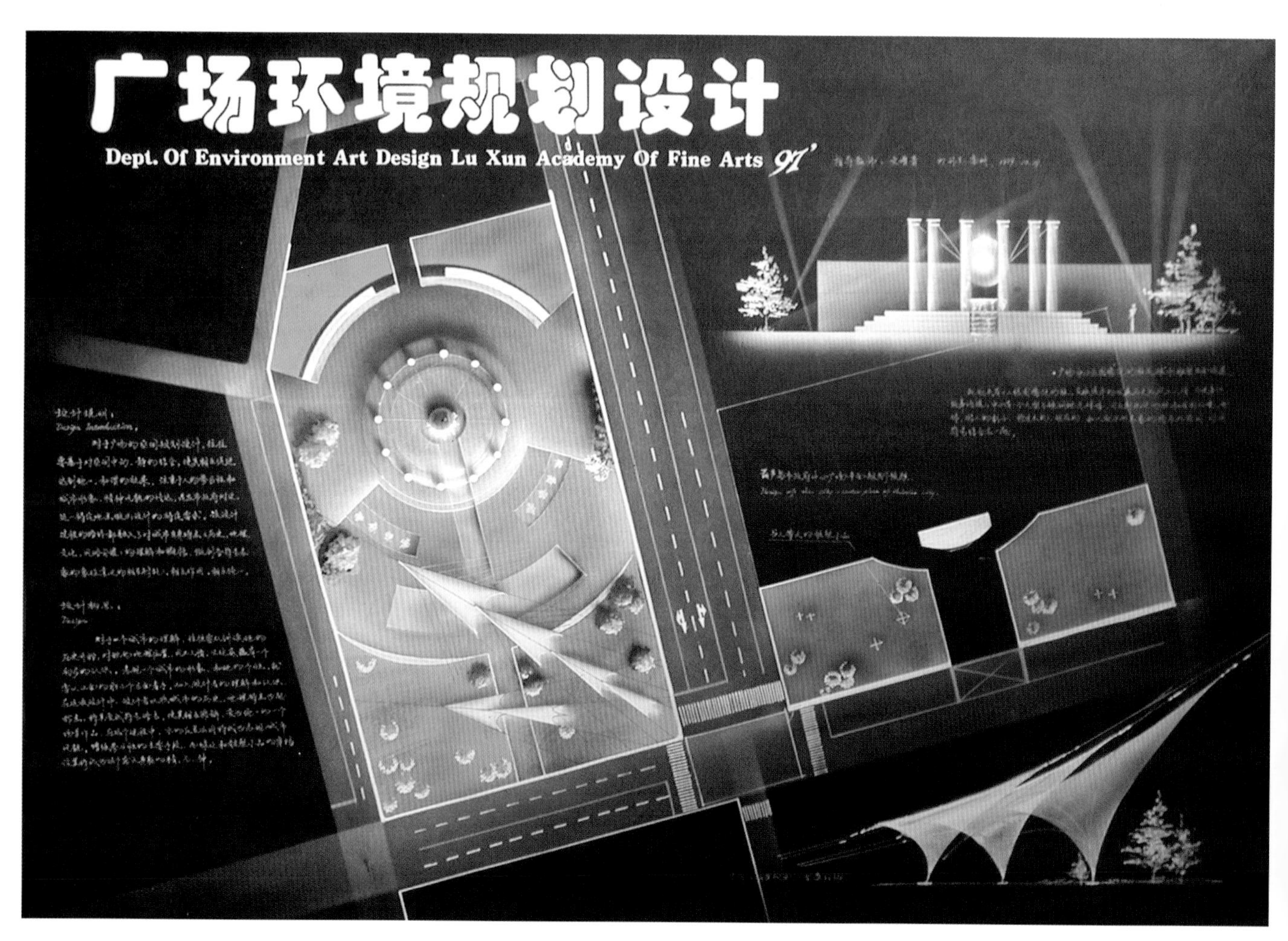

利用对称式原理，使广场中心高潮部分突出。在中轴线上以一组斜穿，如一组风帆乘风驶过，使整体气氛静中有动

ENVIRONMENTAL DESIGN

第五周完成稿

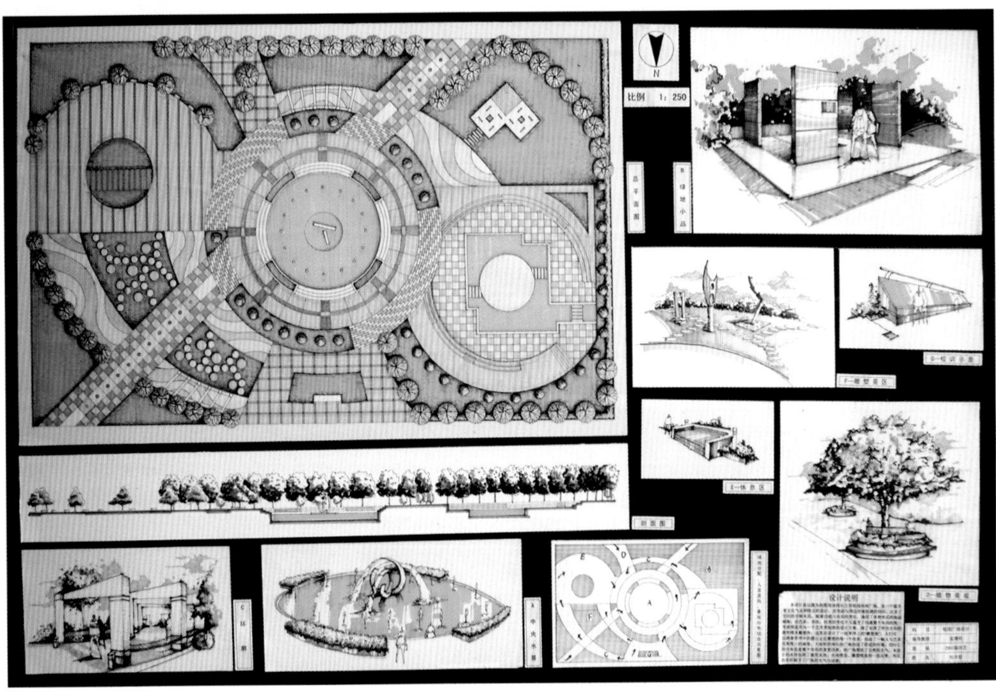

ENVIRONMENTAL DESIGN

第五周完成稿

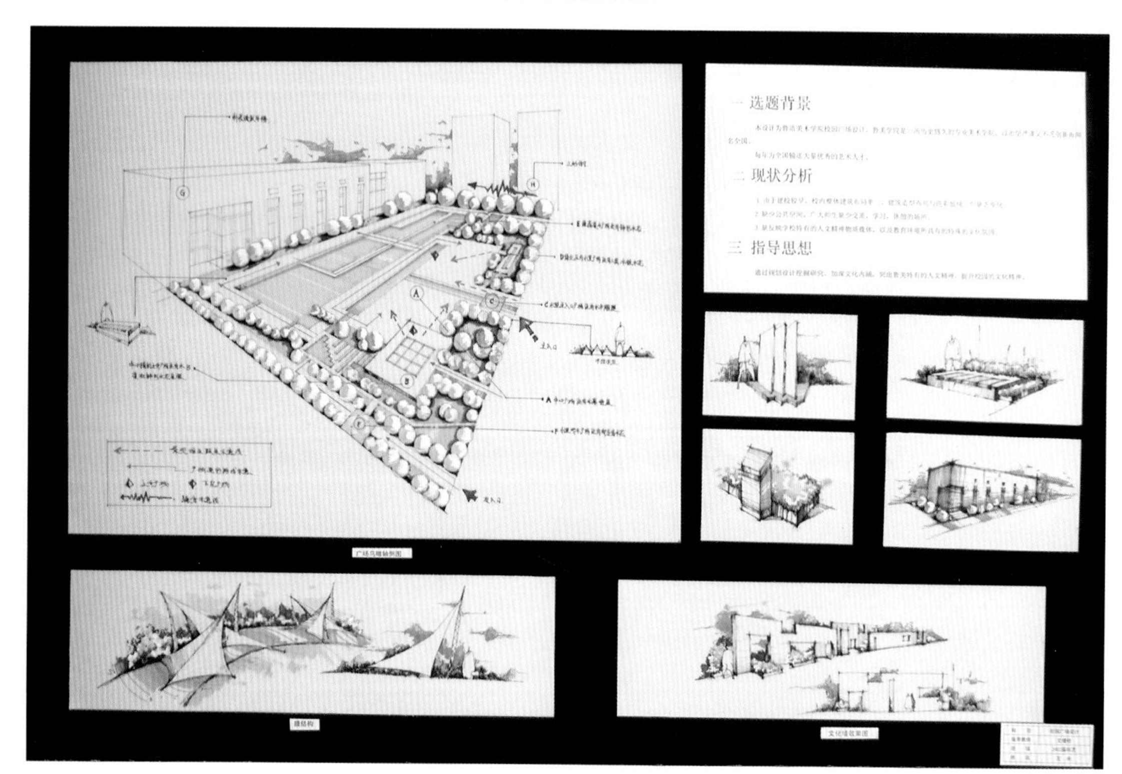

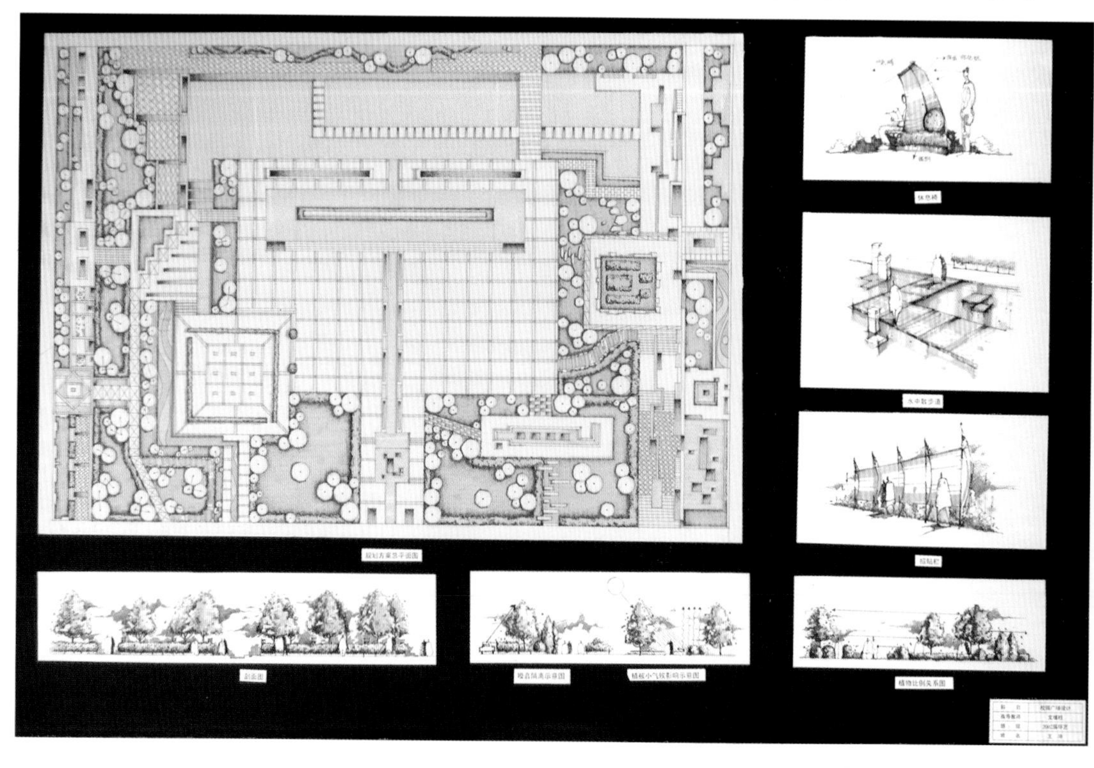

规整、严肃、求方是本设计的主要特点。

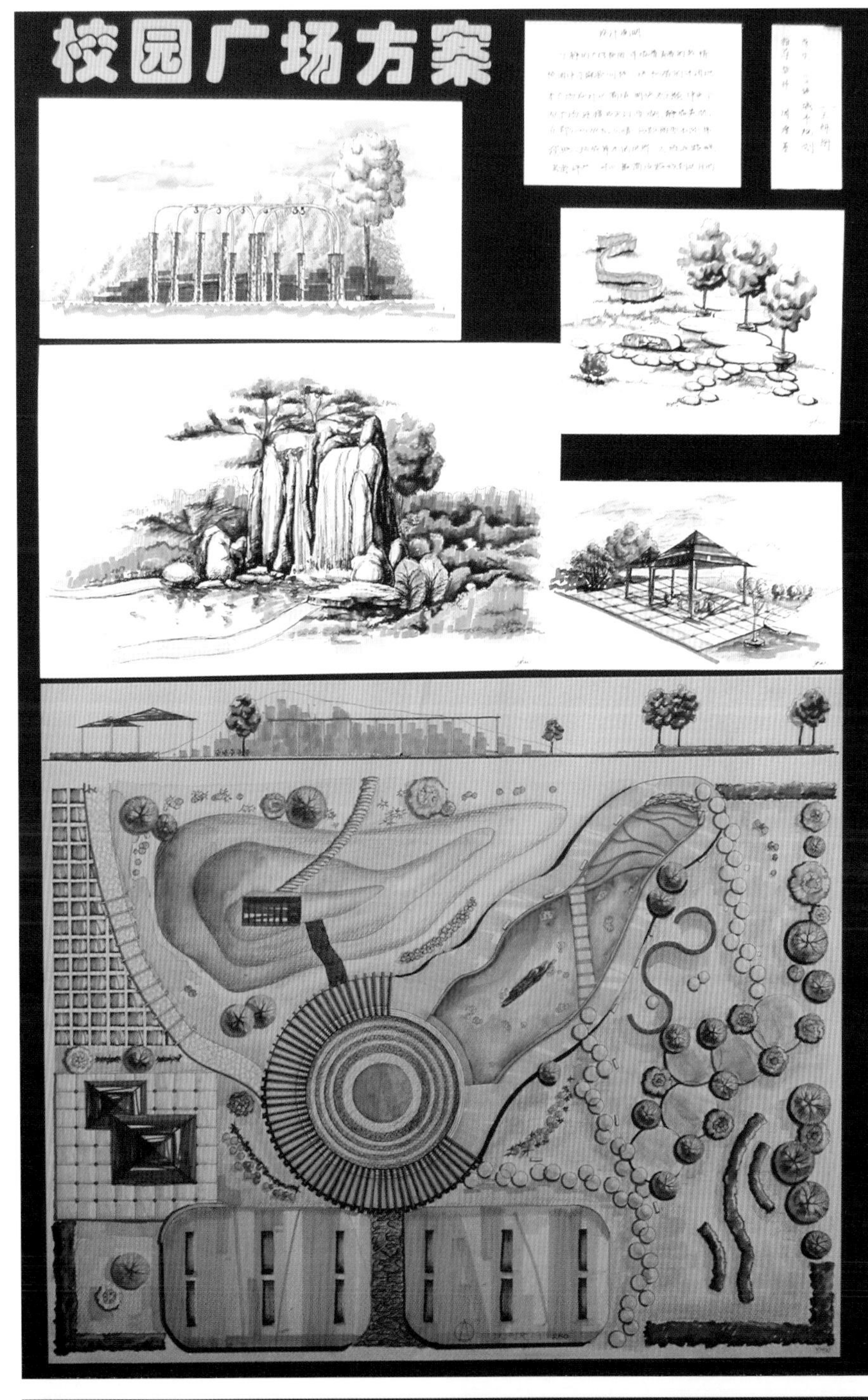
校园广场方案

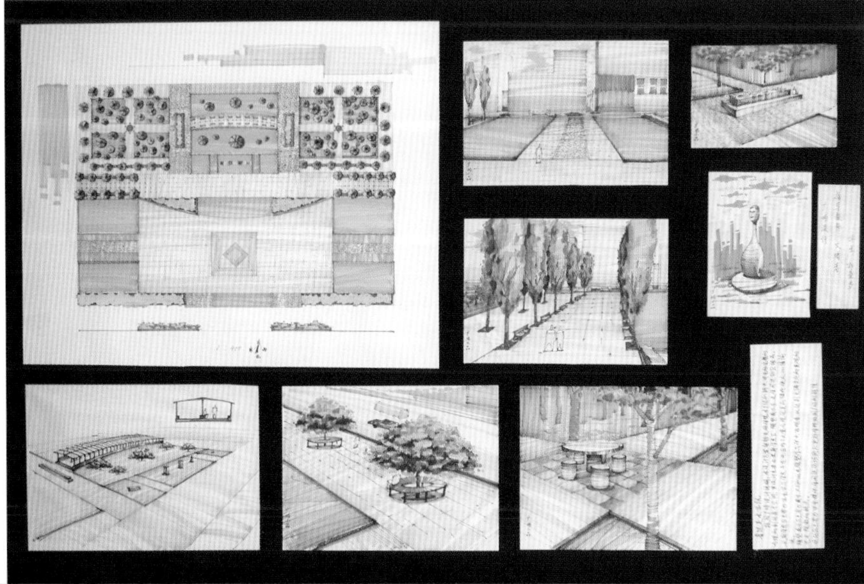

校园广场设计方案
广场设计说明
本设计为某大学校园广场设计，功能上主要分为学习和娱乐两个区域，每个区域都有自己的功能，圆形作为设计的基本要素成为广场的中心，它的存在有了一种如同种子班的战斗力量，它的纽带关系使周围的各个区域能够充分发挥自身的功能，过度以流动的方式来体现，使整个广场整体又统一，突出了广场的整体性。
指导教师：文增著
学　　生：张伟伟
系　　别：2002级城市规划

广场设计
设计说明

ENVIRONMENTAL DESIGN

第五周完成稿

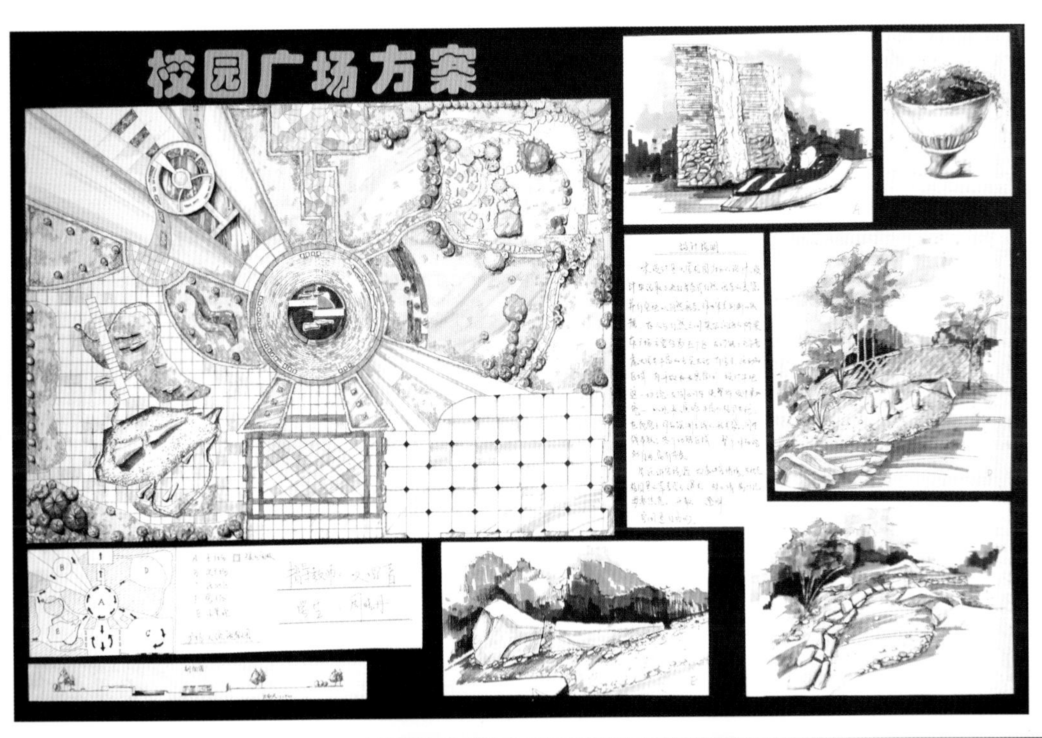

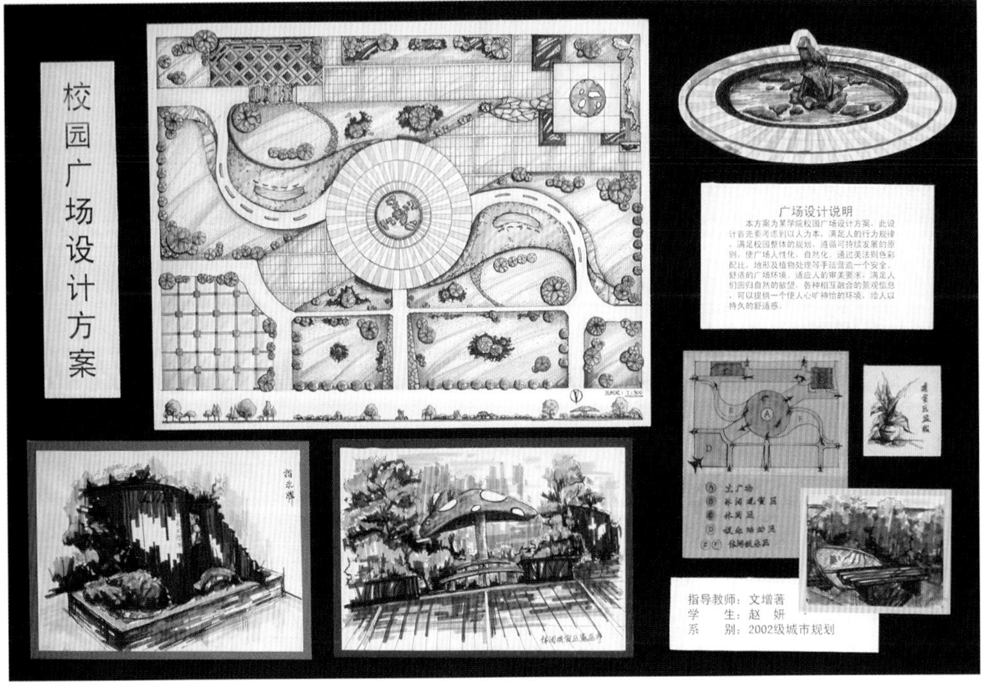

ENVIRONMENTAL DESIGN

第五周完成稿

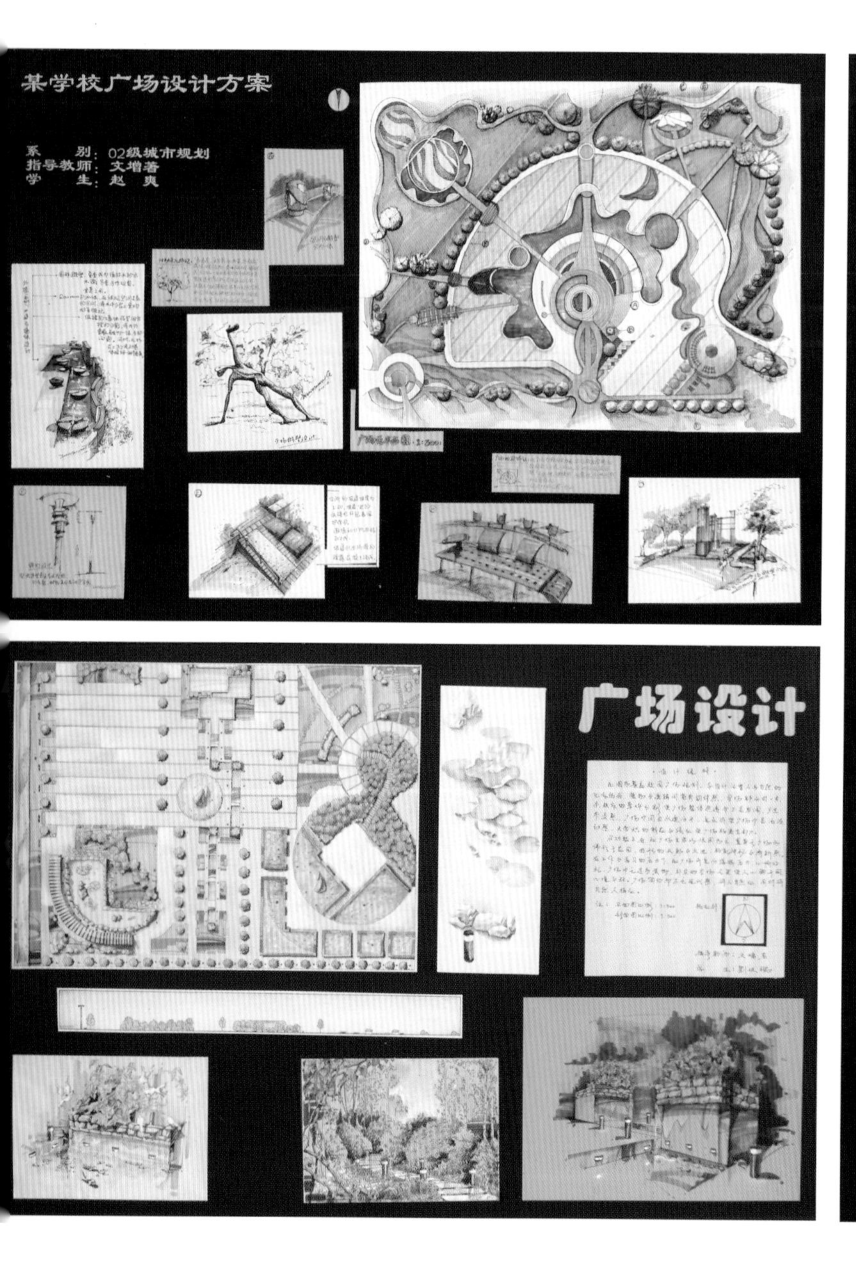

ENVIRONMENTAL DESIGN

第五周完成稿

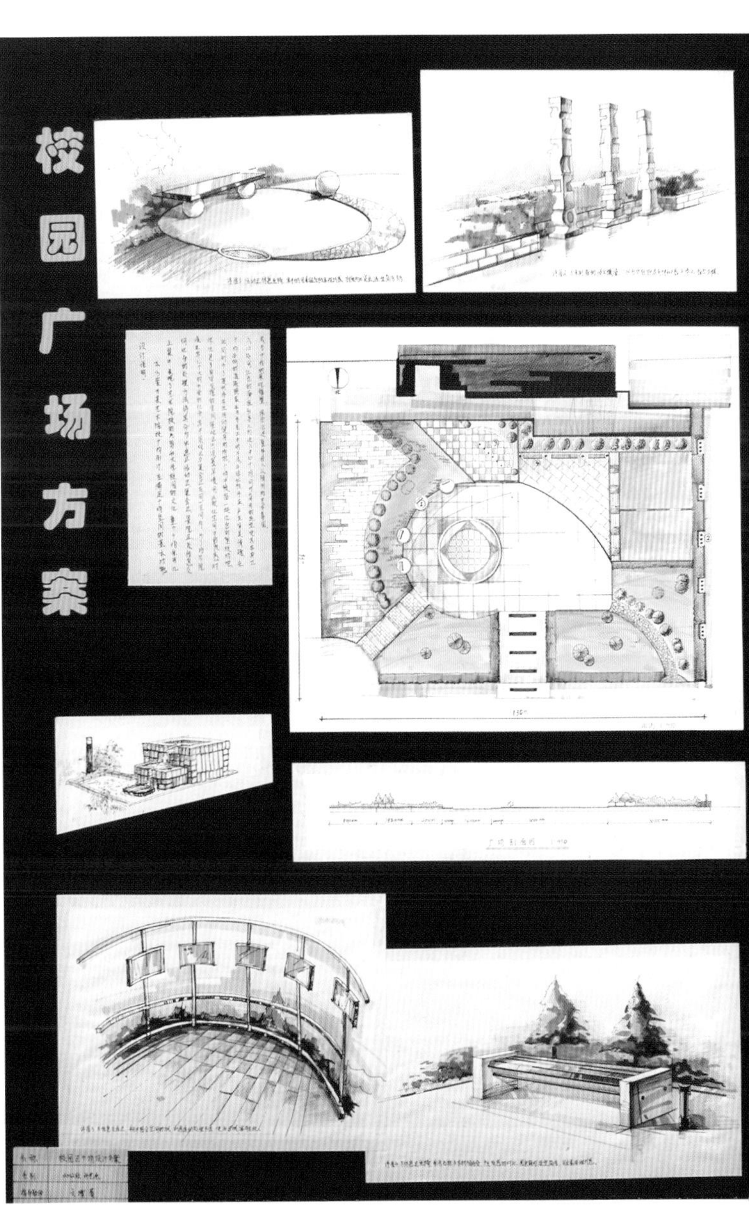

ENVIRONMENTAL DESIGN

第五周完成稿

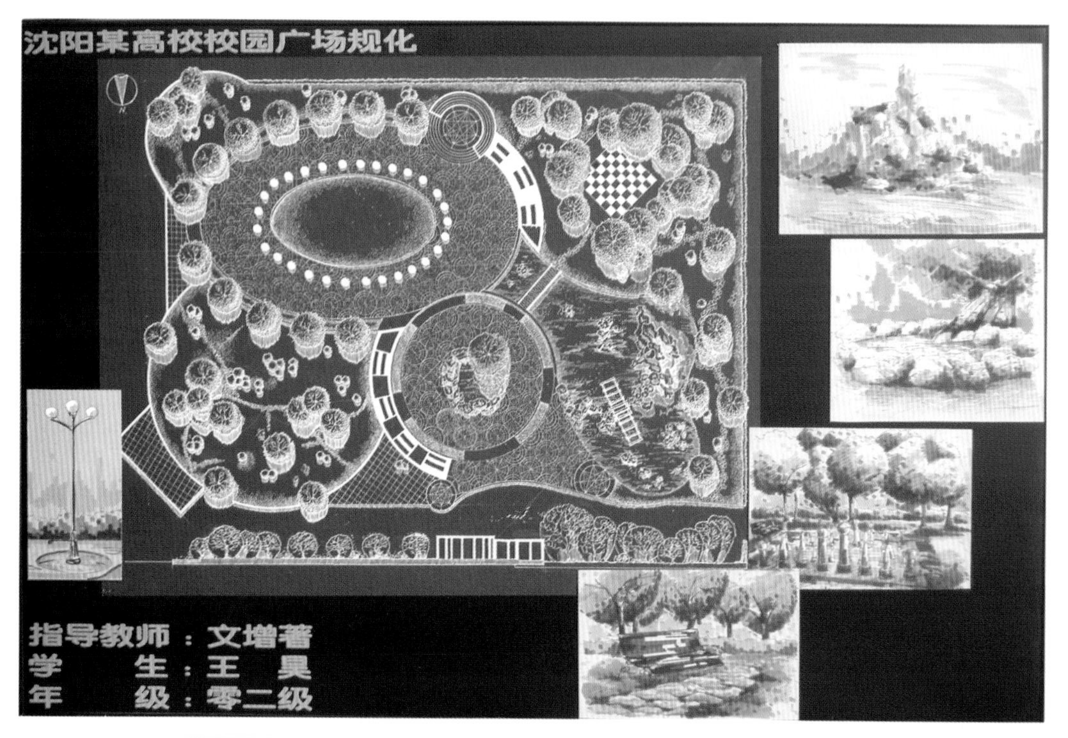

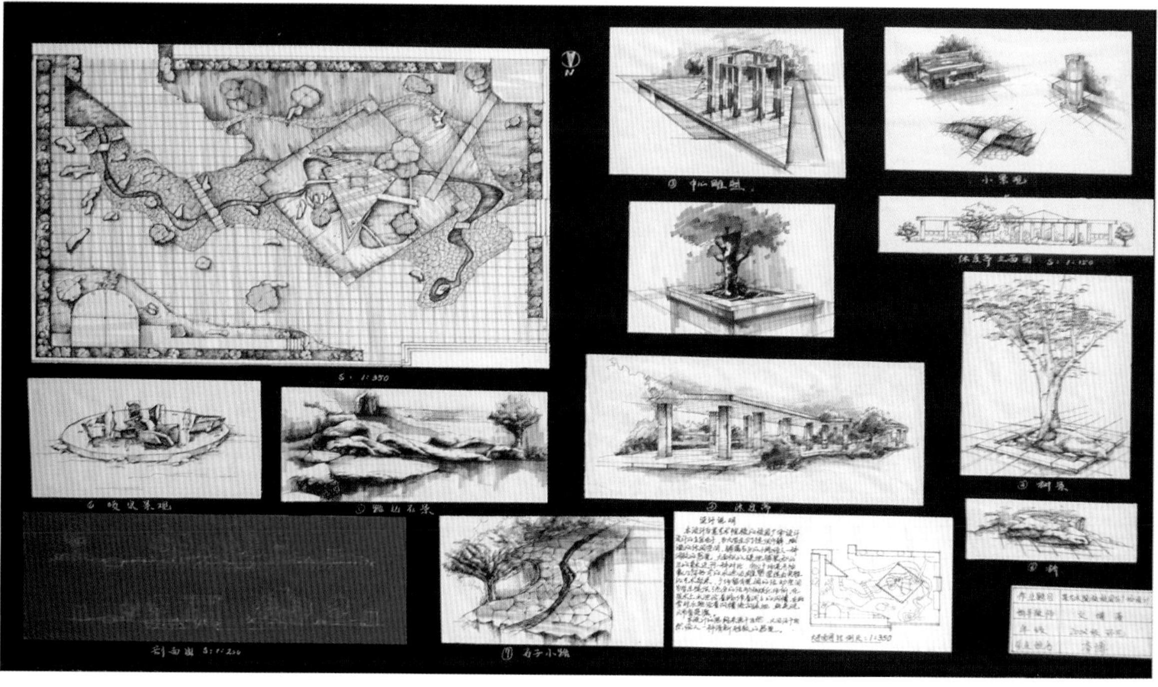

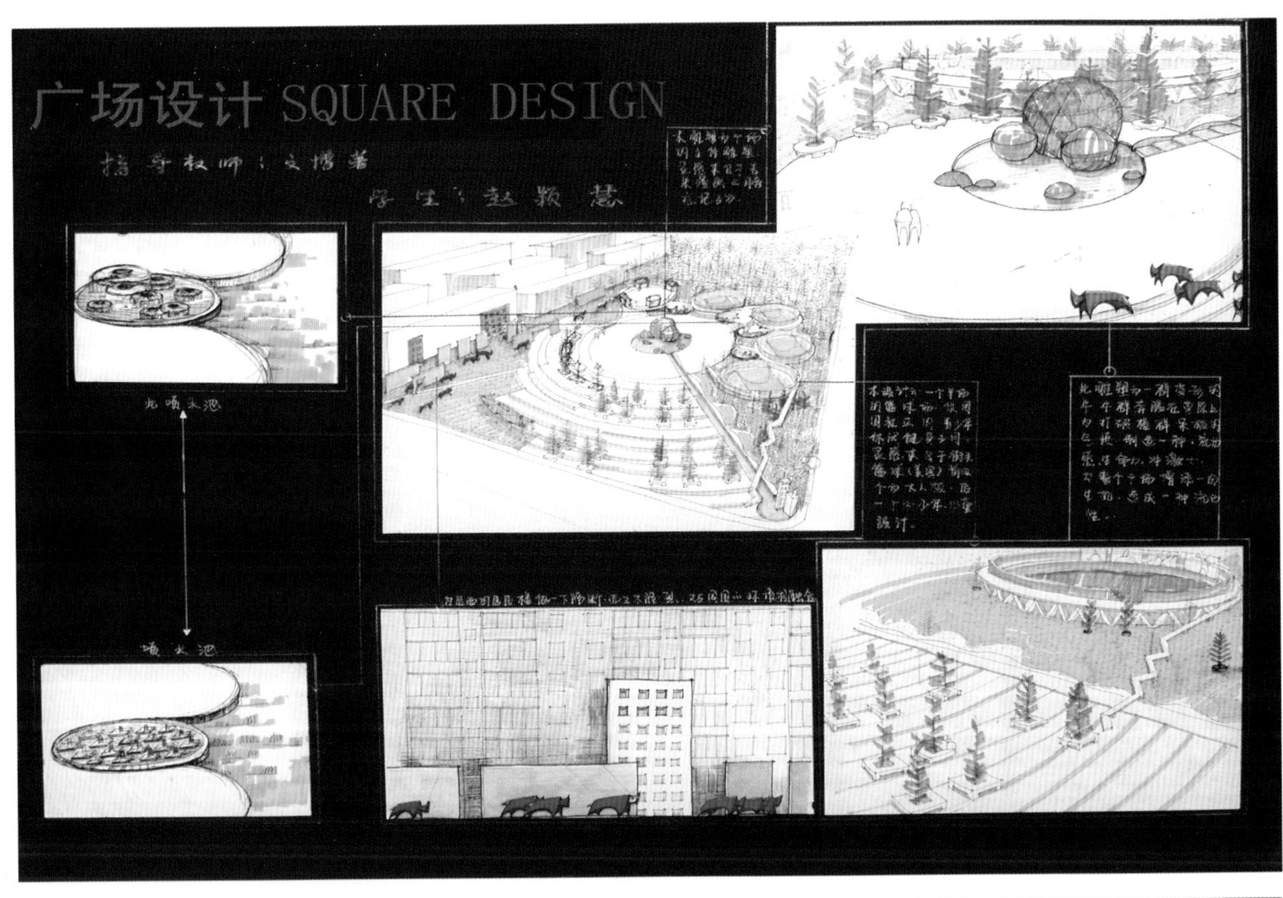
广场设计 SQUARE DESIGN
指导教师：文增著
学生：赵颖慧

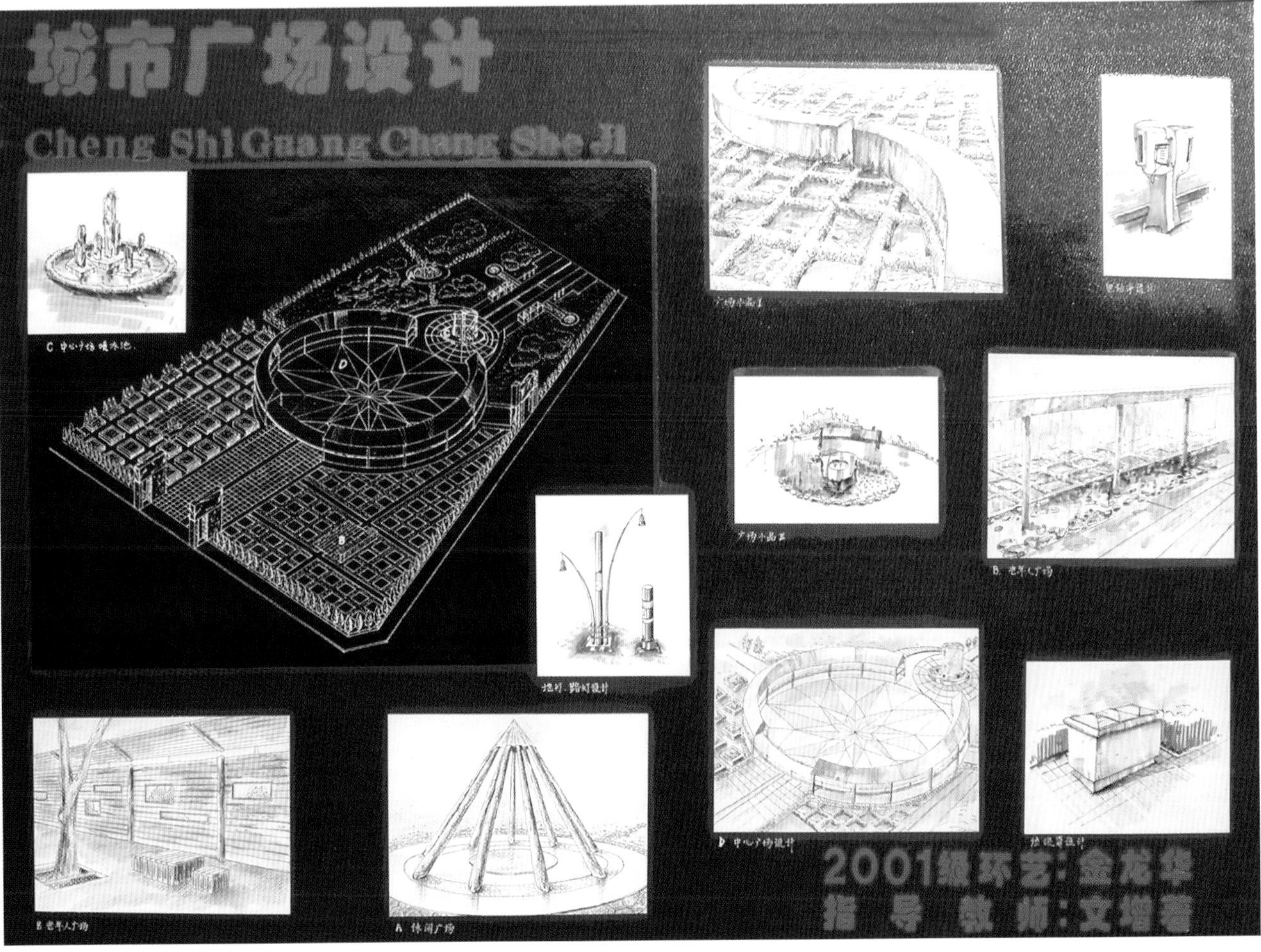
城市广场设计
Cheng Shi Guang Chang She Ji
2001级环艺：金龙华
指导教师：文增著

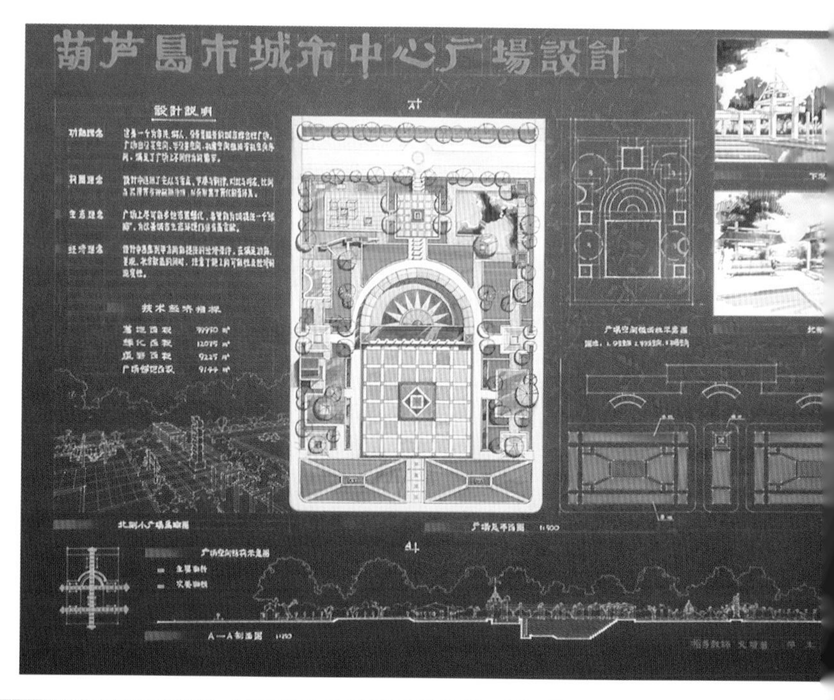
葫芦島市城市中心广場設計
設計說明
技术經济指標

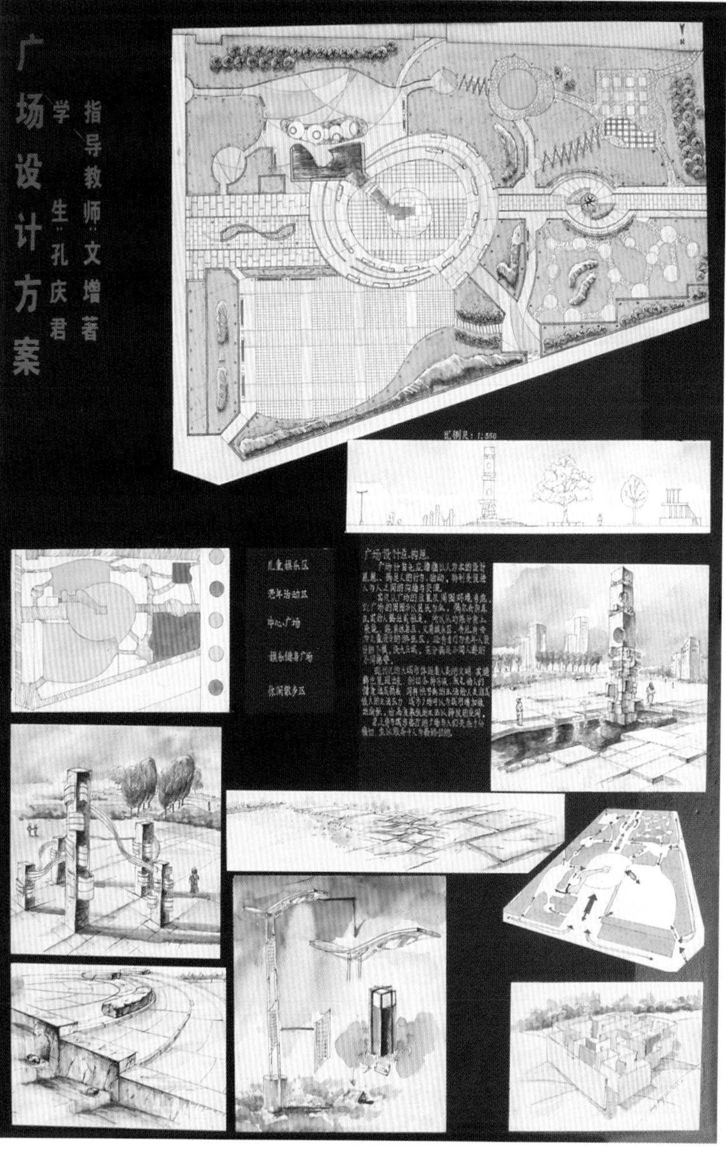
广场设计方案
指导教师：文增著
学生：孔庆君

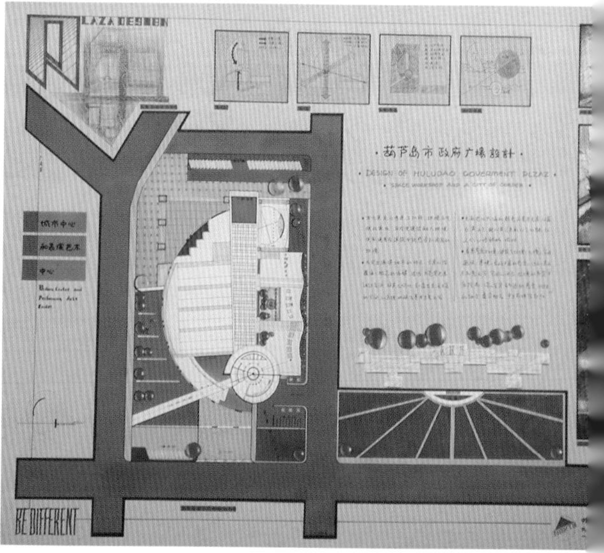
葫芦岛市政府广场设计
BE DIFFERENT

广场设计
葫芦岛市政府广场设计
设计说明
指导教师:文增著
九七环艺:张 鹤

葫蘆島市中心廣場規劃設計
Design of HuLuDao Goverment Plaza
指导教师 文增旺
学　生 王 宇
Dept. of Environment Art Design
Lu Xun Academy of Fine Arts

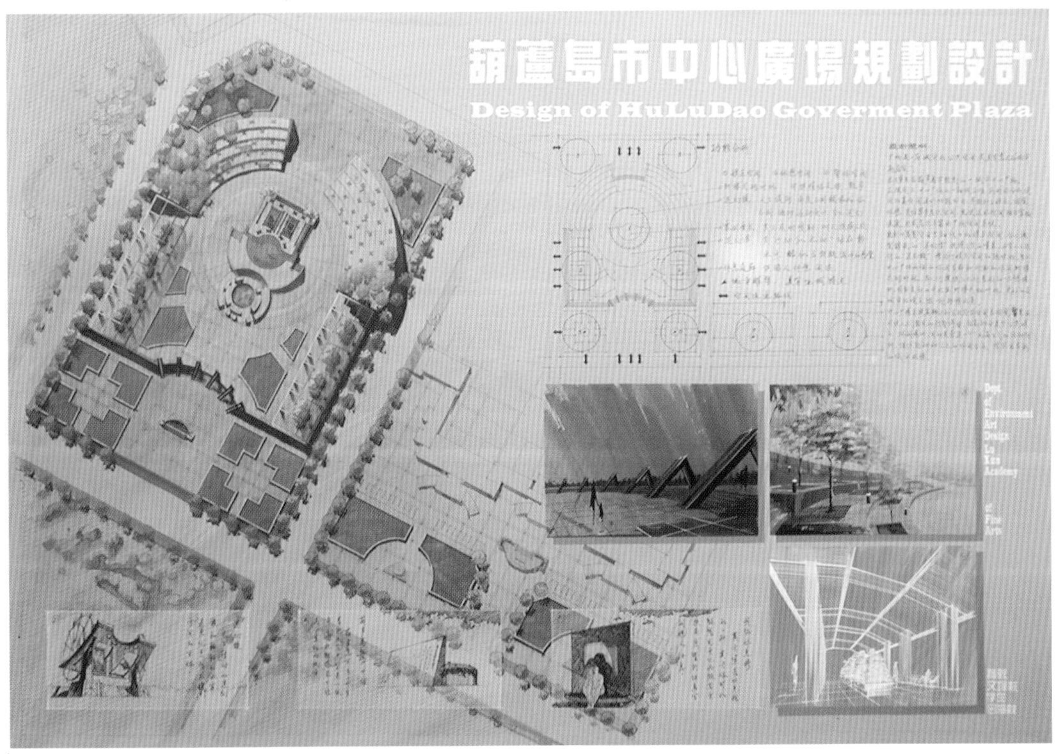
葫蘆島市中心廣場規劃設計
Design of HuLuDao Goverment Plaza

广场设计
葫芦岛城市中心广场设计
九七环艺 宋丹
指导教师 文增柱

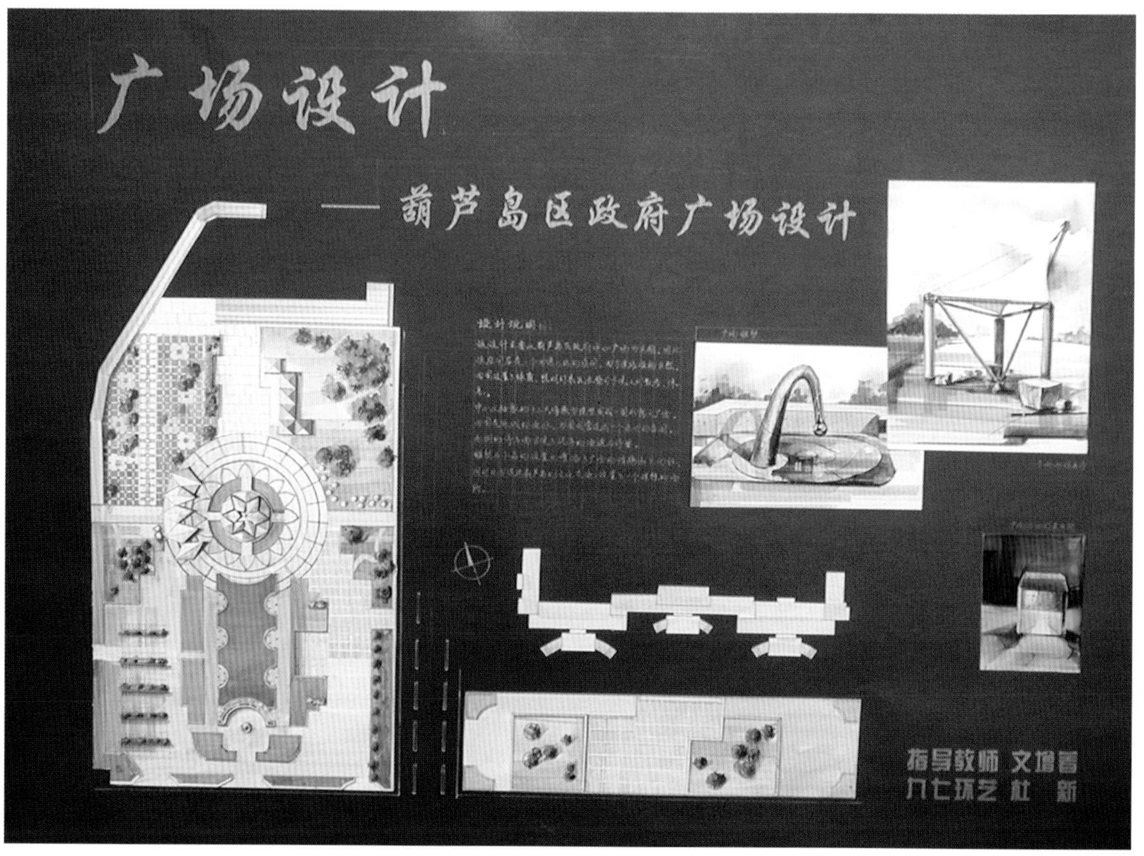
广场设计
——葫芦岛区政府广场设计
指导教师 文增著
九七环艺 杜新

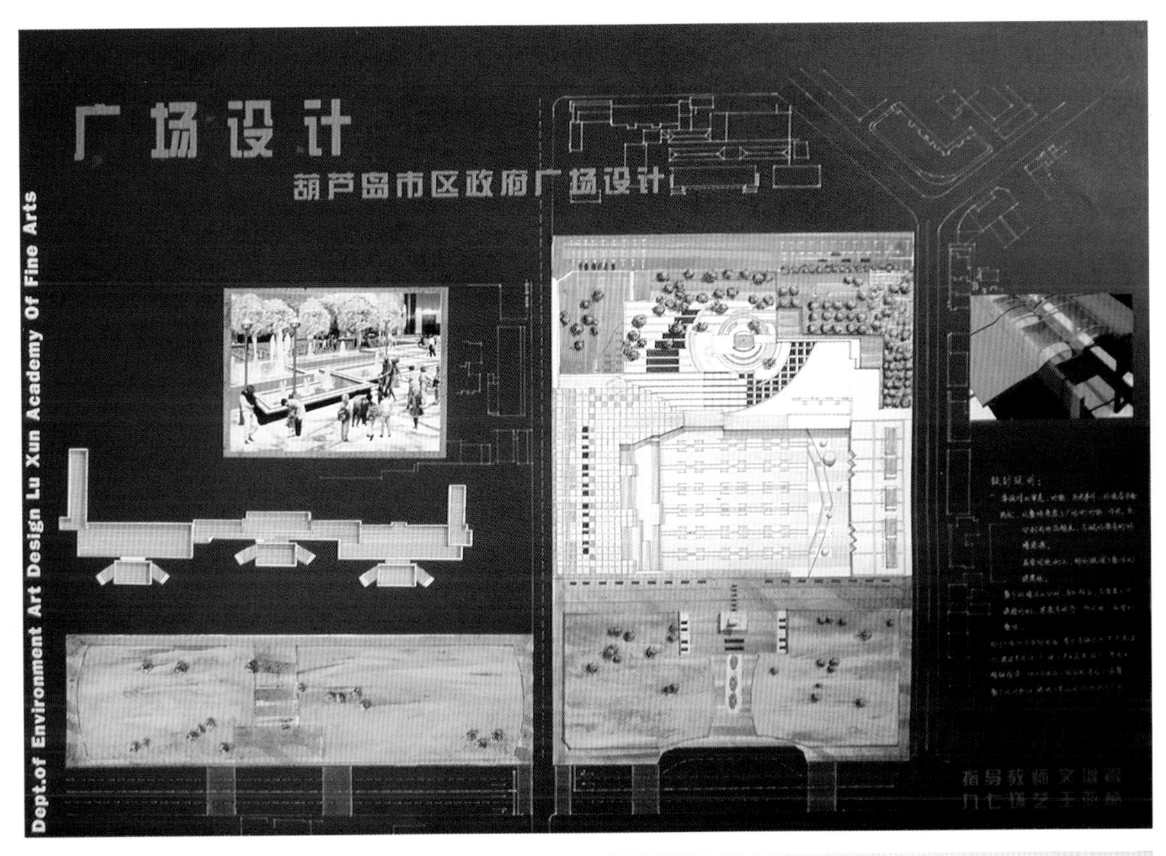
广场设计
葫芦岛市区政府广场设计
Dept.of Environment Art Design Lu Xun Academy Of Fine Arts

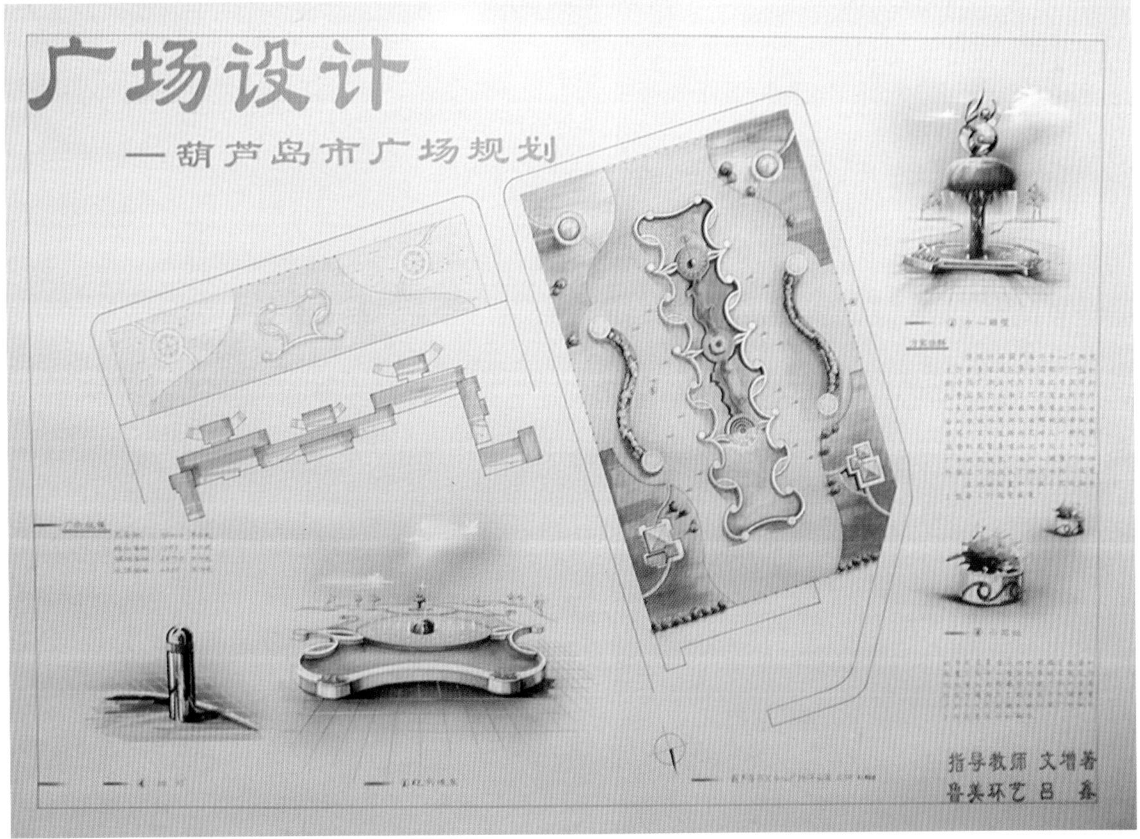
广场设计
—葫芦岛市广场规划
指导教师 文增著
鲁美环艺 吕 淼

ENVIRONMENTAL DESIGN

第五周完成稿

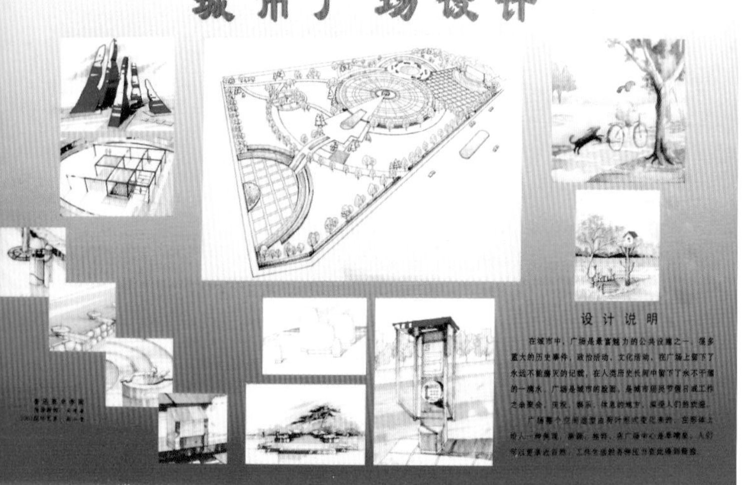

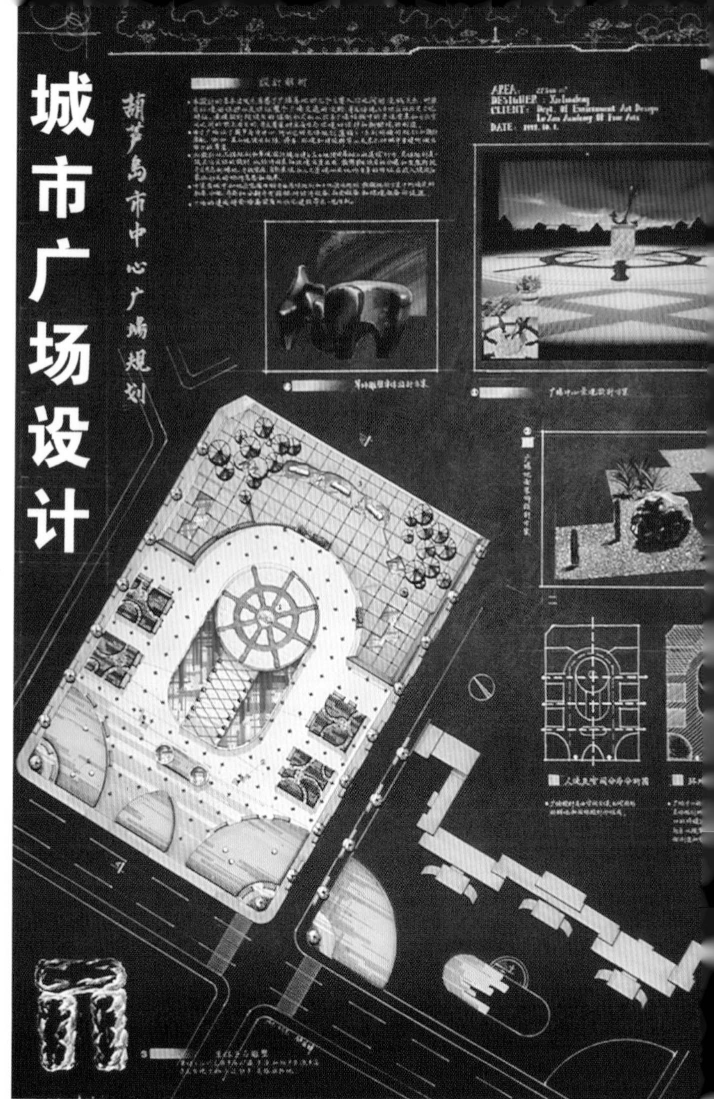

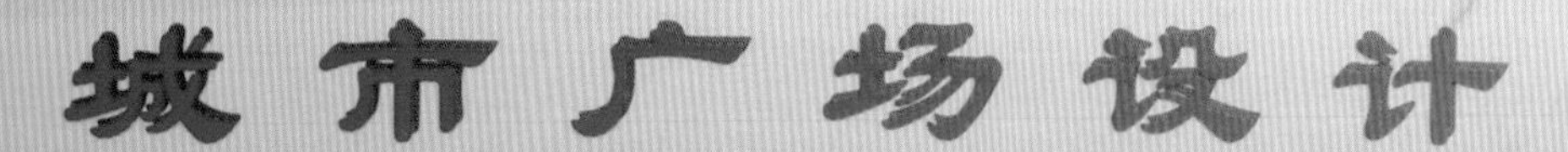

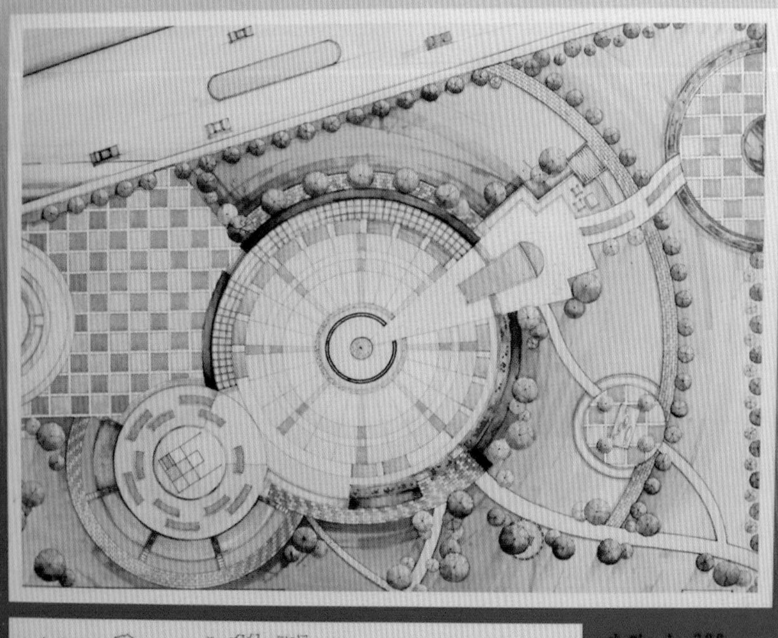

比例：1:300
比例：1:100

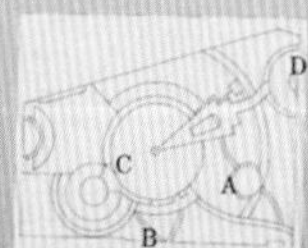

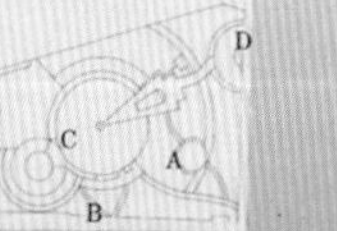

功能分区图

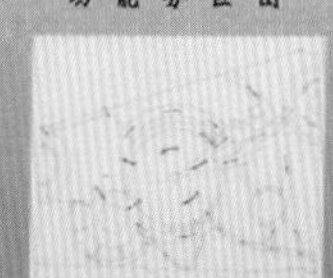

人流分配图

绿化分配图

A 主体广场

广场中心是一个喷泉，喷泉中央与四周是理石坐位，人能够更加亲近水，感受自然。广场周围有一个弧形的长廊，可以在其中休息，欣赏广场的景色。

B 次广场

此广场是为孩子游玩设计的。孩子可以在其中玩耍，感受泥土带来的自然的芳香。

C 活动广场

活动广场中设了一个表演台，可以在此处进行小型的表演，亦可以举行一些集会活动，丰富人们的生活。

D 花坛

在入口处设置花坛，给人们在忙碌的生活中注入了活力，增添了色彩。让人们缓解工作的疲劳，将人们引入广场。

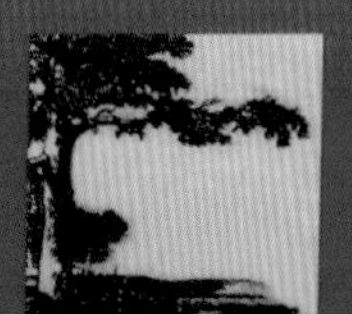

鲁迅美术学院

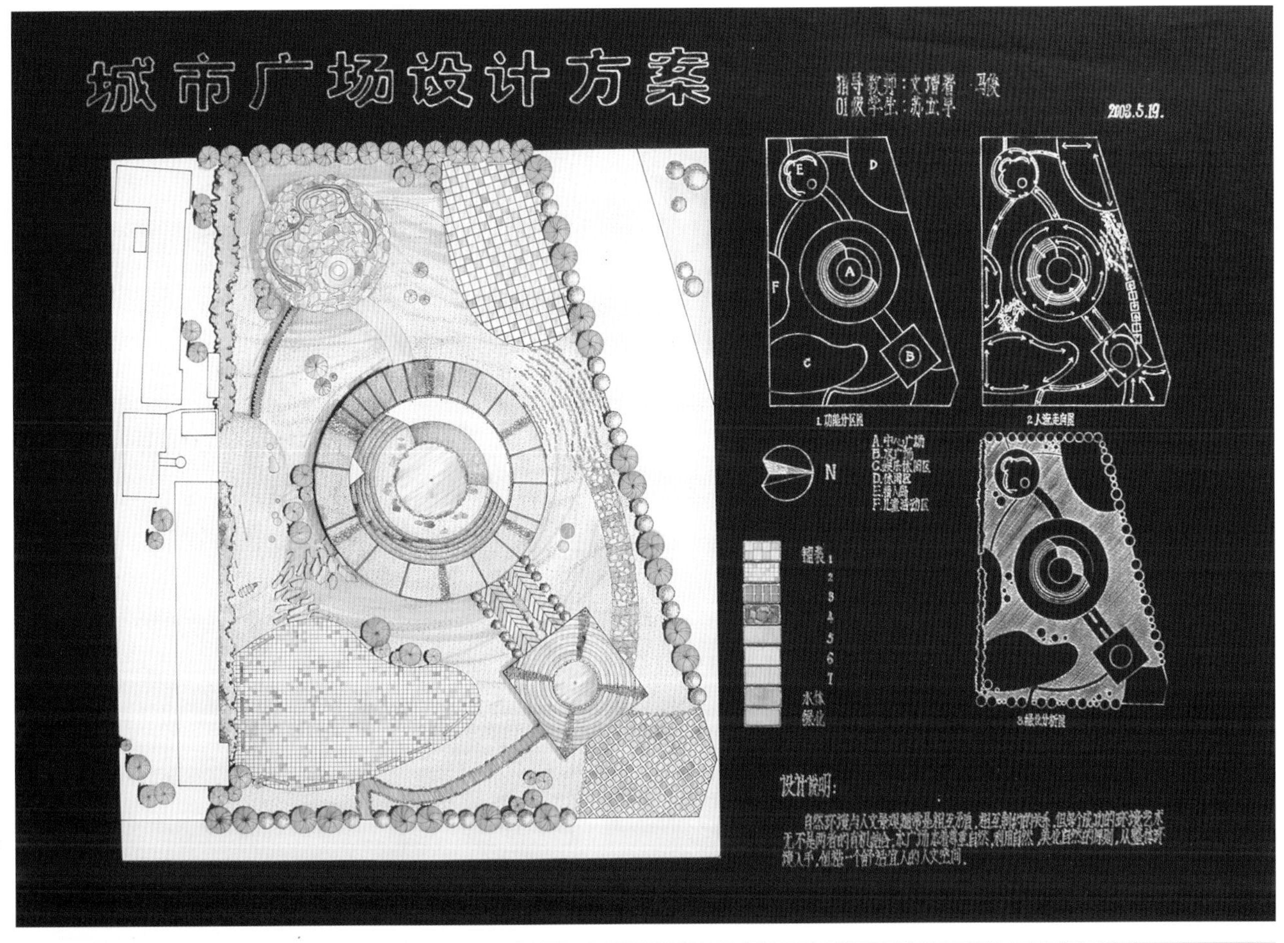
城市广场设计方案
指导教师：文增著 马俊
01级学生：苏立亭
2003.5.19.
1.功能分区图
2.人流走向图
3.绿化分析图
N
A.中心广场
B.次广场
C.娱乐休闲区
D.休闲区
E.出入口
F.儿童活动区
铺装 1
2
3
4
5
6
7
水体
绿化
设计说明：

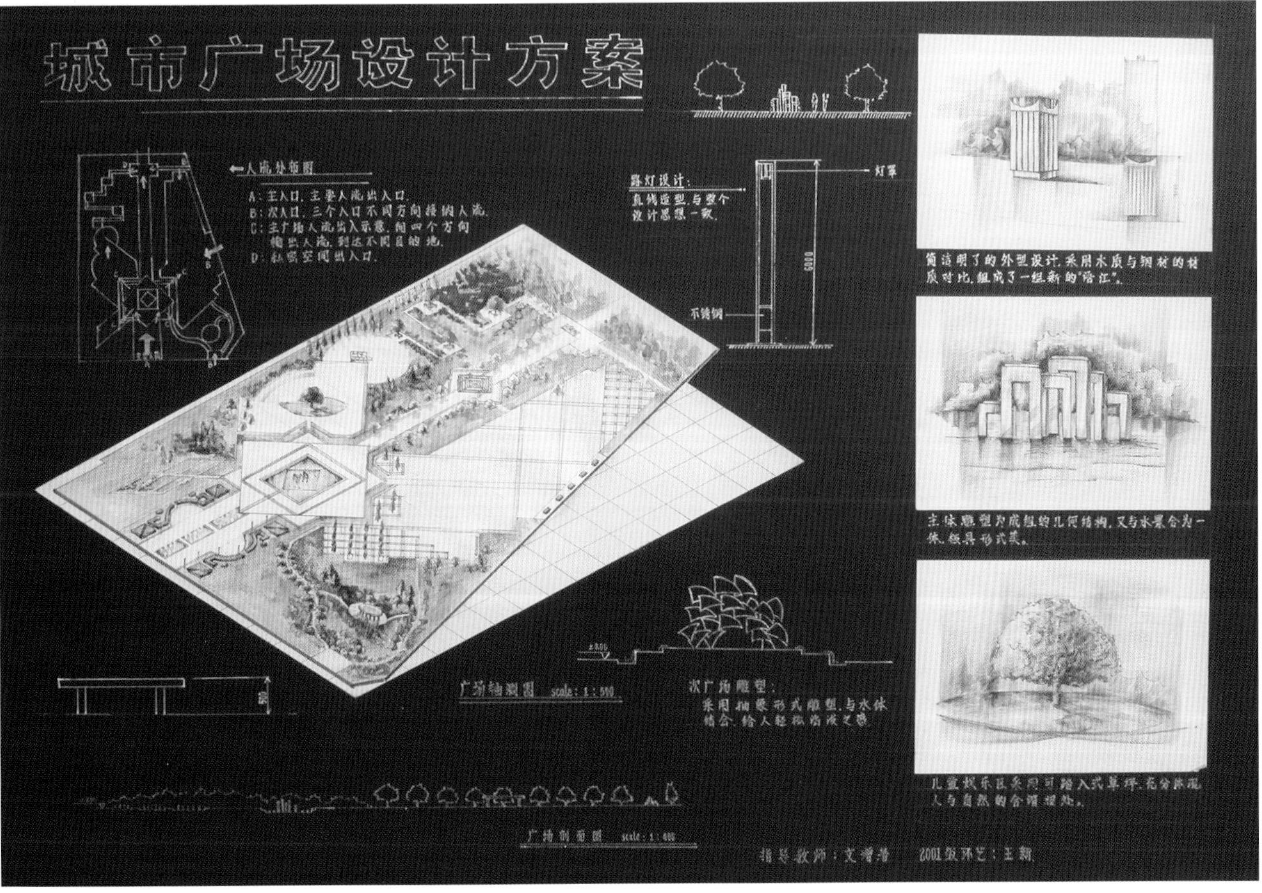
城市广场设计方案
人流分布图
A：主入口，主要人流出入口。
B：次入口，三个入口不同方向接纳人流。
C：主广场人流出入示意，向四个方向输出人流，到达不同目的地。
D：私密空间出入口。
路灯设计：
直线造型，与整个设计思想一致。
灯罩
5000
不锈钢
简洁明了的外型设计，采用木质与钢材的材质对比，组成了一组新的"溶江"。
主体雕塑为成组的几何结构，又与水景合为一体，极具形式美。
儿童娱乐区采用可踏入式草坪，充分体现人与自然的合谐相处。
广场轴测图 scale：1：500
次广场雕塑：
采用抽象形式雕塑，与水体结合，给人轻松浪漫之感。
广场剖面图 scale：1：400
指导教师：文增著 2001级环艺：王莉

ENVIRONMENTAL DESIGN

第五周完成稿

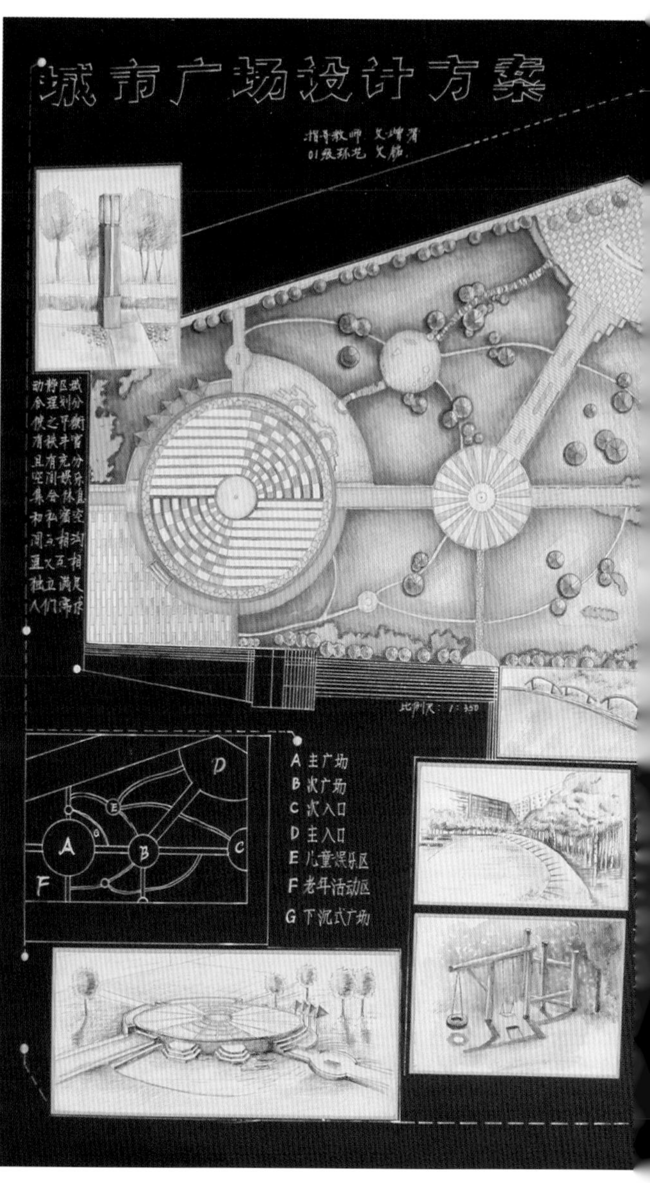

由分子结构形态得到启发，使主广场和次广场紧密联系

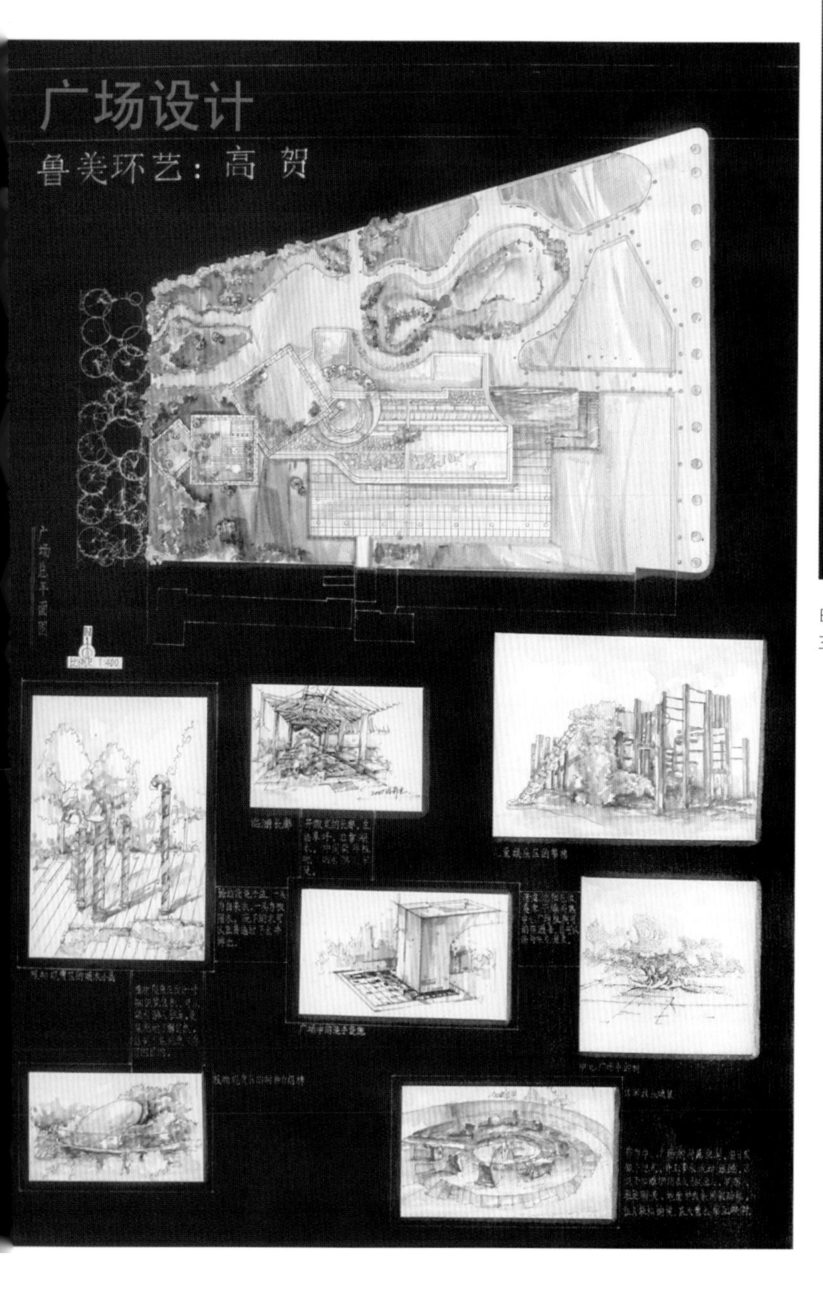

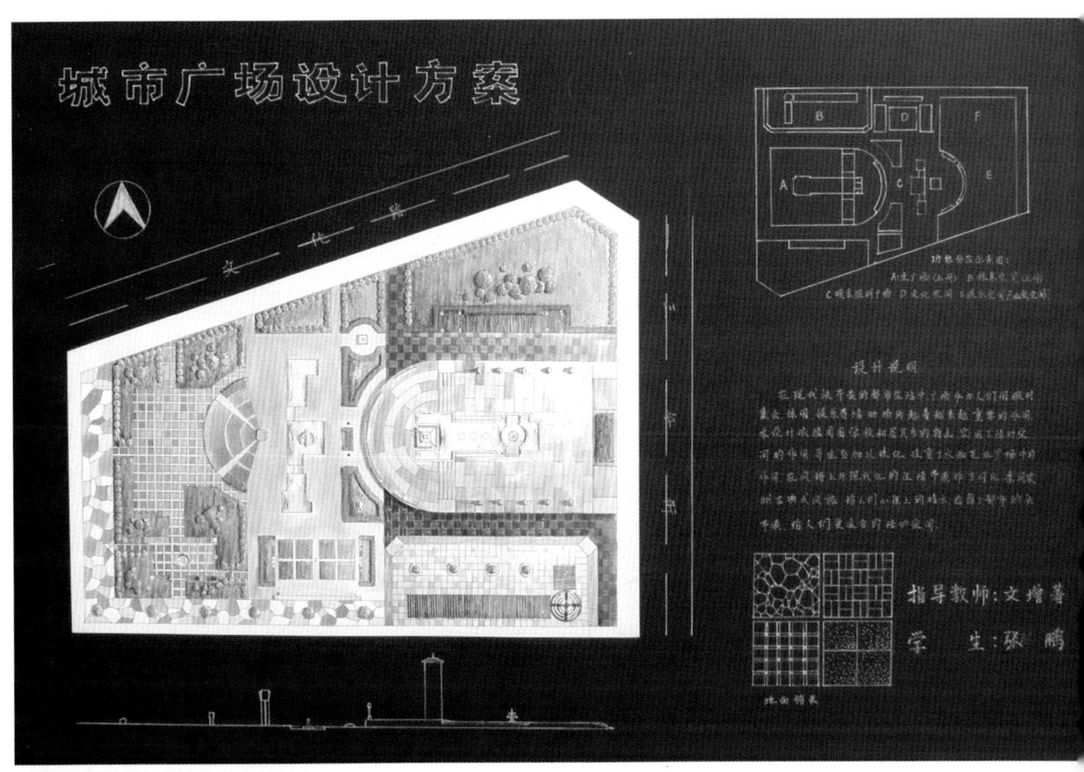

圆形，曲线，是追求浪漫主义构思的常用手法

ENVIRONMENTAL DESIGN

第五周完成稿

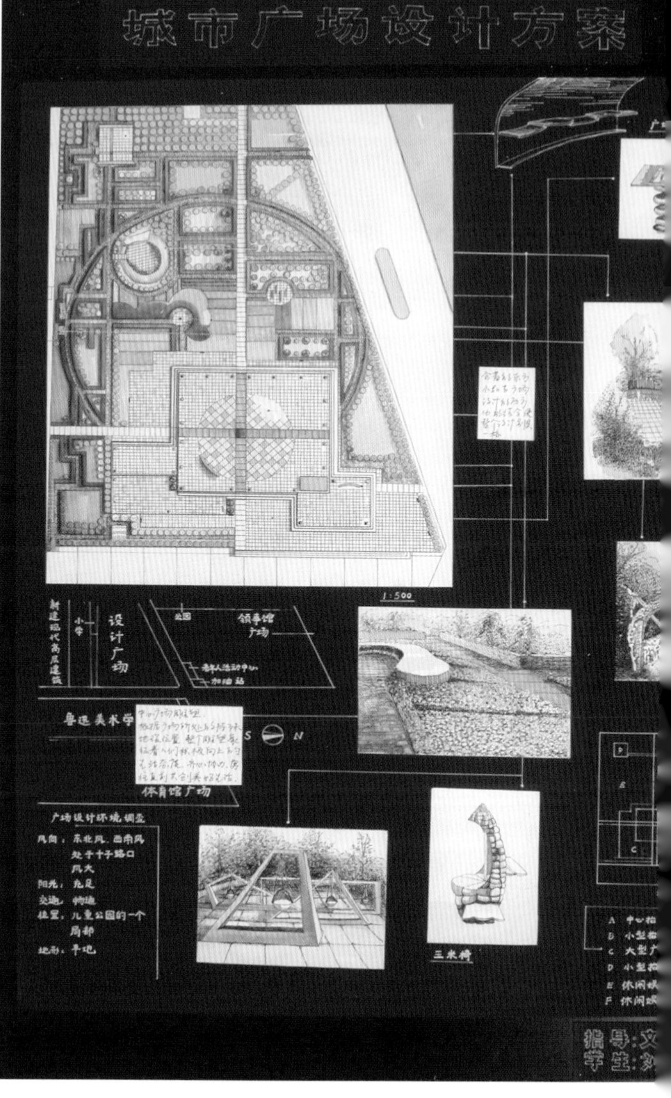

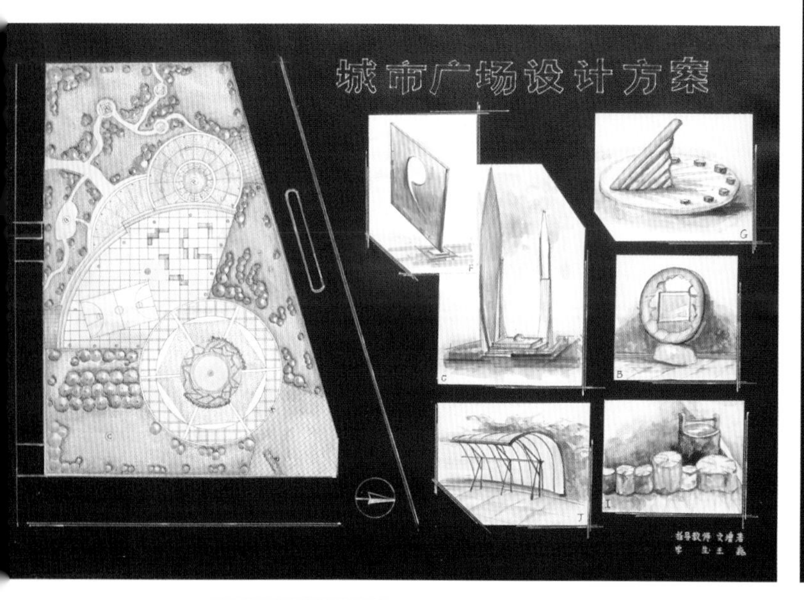

利用严谨的几何形及规整的道路贯穿整个广场，在局部以小品进行个性变化。主风格简洁明朗

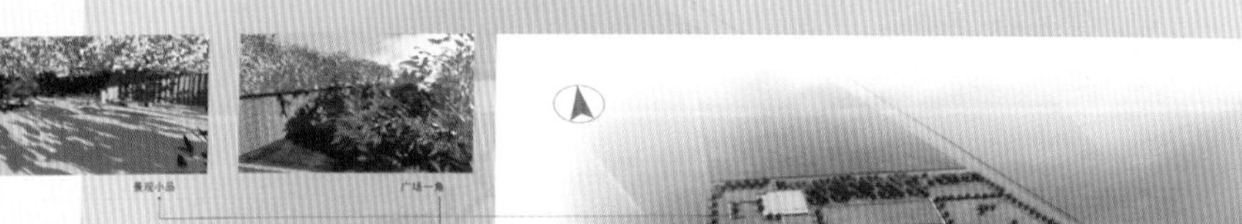

设计说明：此场地的设计者为了使广场与形势相统一，本着“以人为本”的原则，设计者从相对满足高标准居民的要求着手拒绝低俗文化，以老人，儿童为主要设计对象，对广场进行高质量，高品质的整体设计，本设计以一条干路为轴线，为人们提供最方便的易捷通道，两侧为私密区，供人们在这里进行散步，聊天．休闲放松，在一片绿色的天地中，充满趣味的小品和美丽的花丛，希望带给人们一些小小的喜悦与享受．

广场轴测图

DEPT. ENVIRONMENT ART DESIGN LAFA

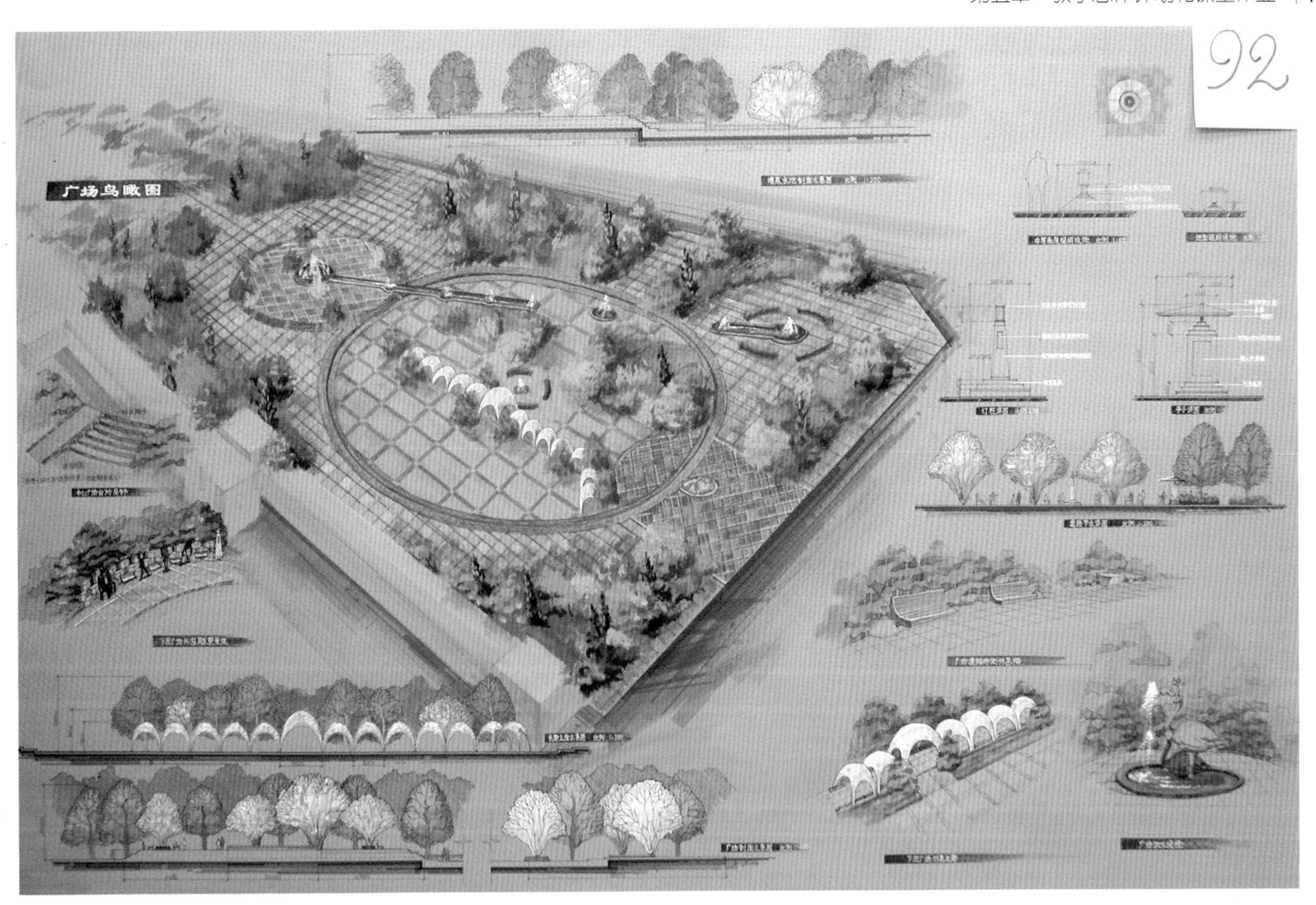
92
广场鸟瞰图

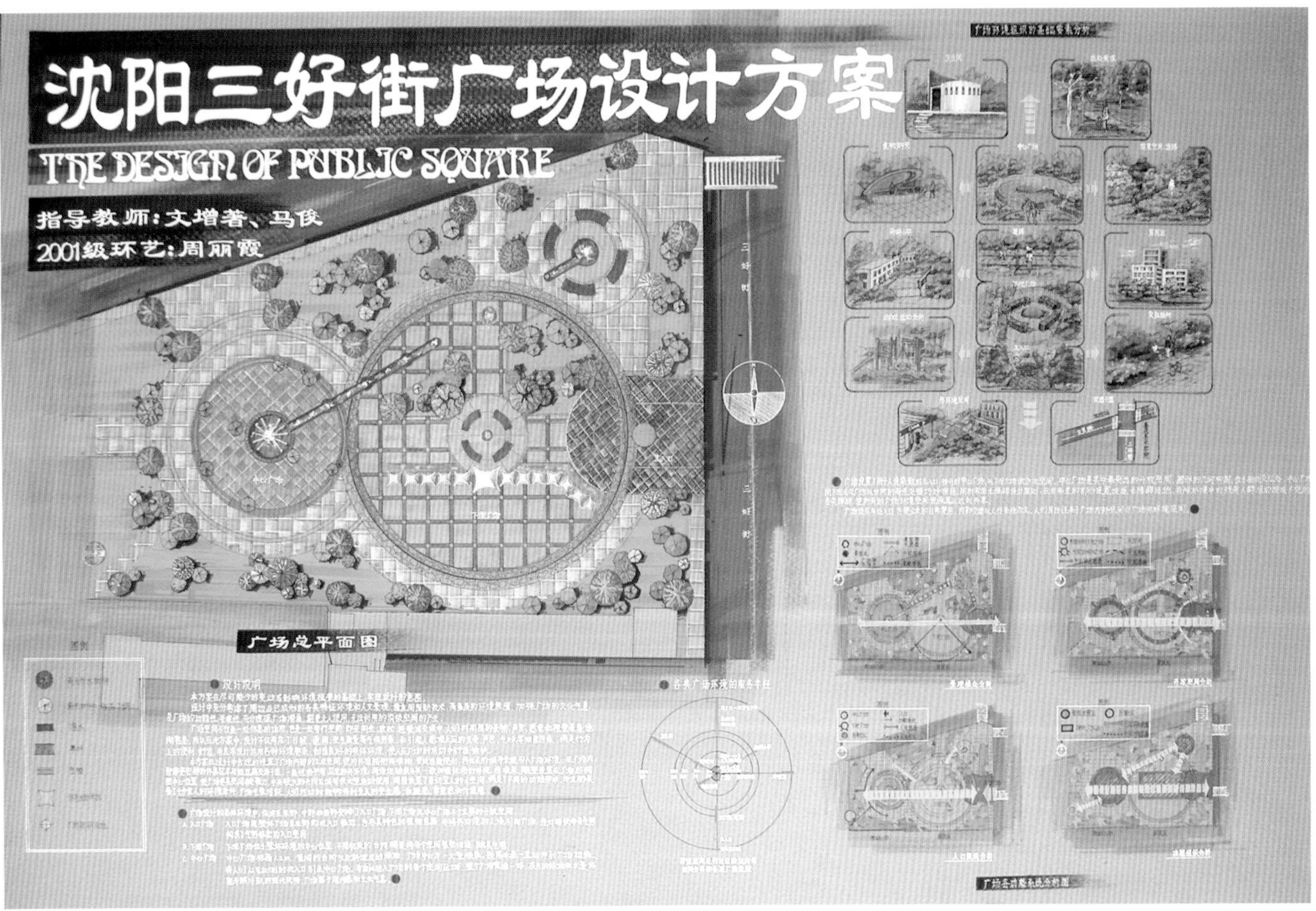
沈阳三好街广场设计方案
THE DESIGN OF PUBLIC SQUARE
指导教师：文增著、马俊
2001级环艺：周丽霞
广场总平面图

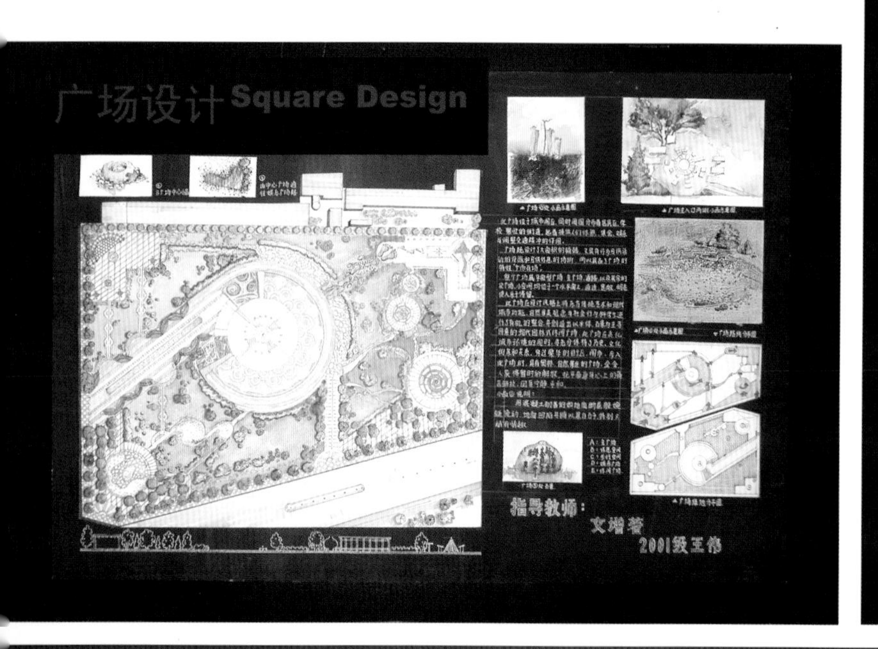
广场设计 Square Design
指导教师：
文增着
2001级王伟

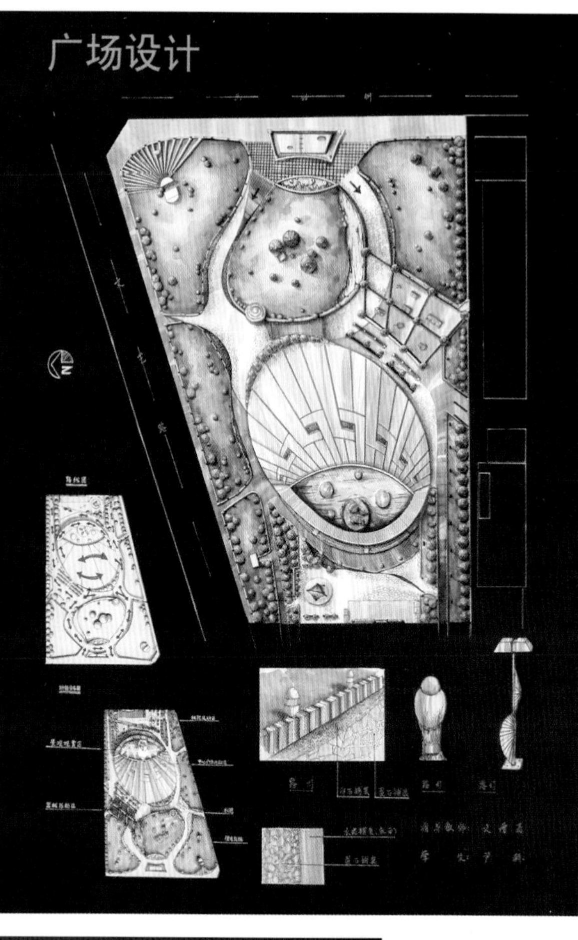
广场设计

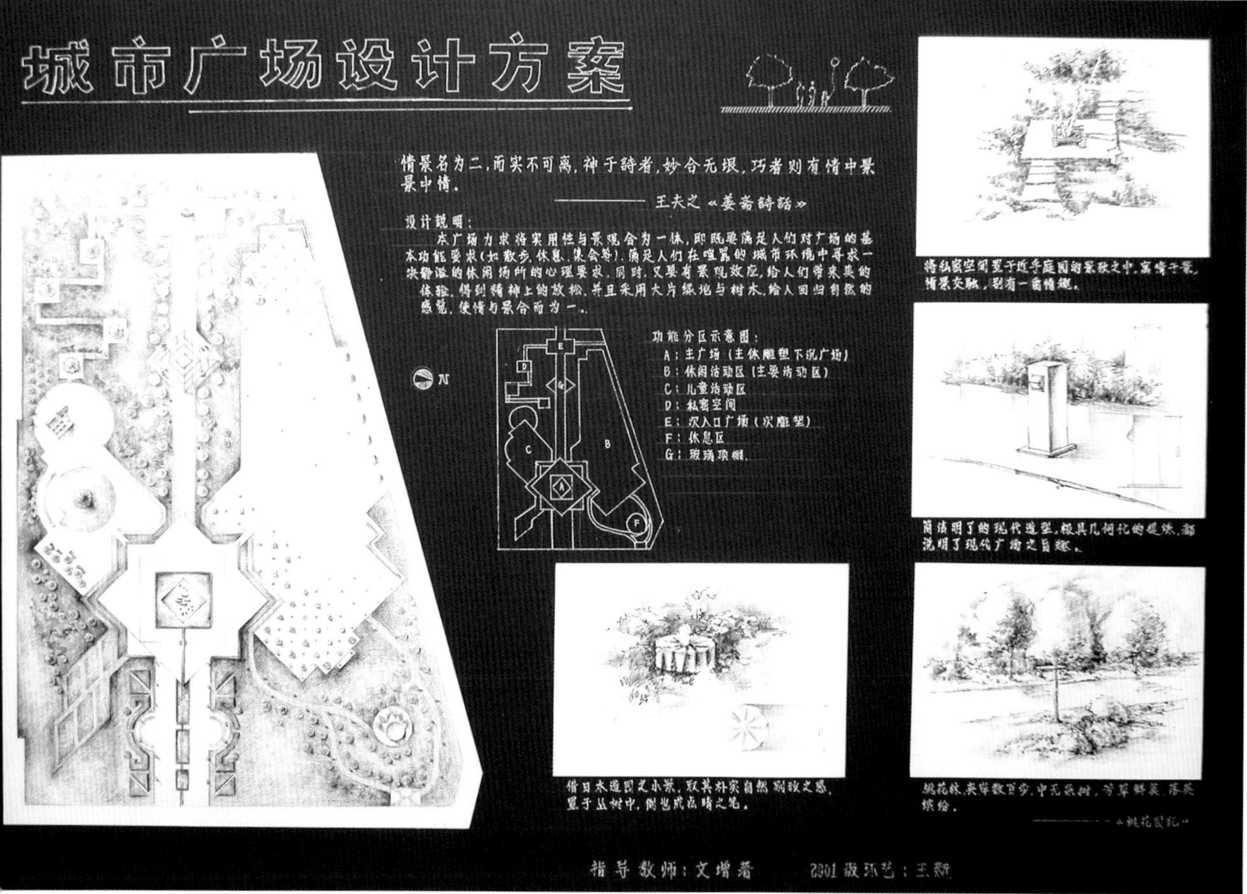
城市广场设计方案
情景名为二，而实不可离，神于詩者，妙合无垠，巧者则有情中景景中情。
——王夫之《姜斋詩話》
设计説明：
本广场力求将实用性与景观合为一体，即既要满足人们对广场的基本功能要求（如散步、休息、集会等），满足人们在喧嚣的城市环境中寻求一块静谧的休闲场所的心理要求，同时，又要有景观效应，给人们带来美的体验，得到精神上的放松，并且采用大片绿地与树木，给人回归自然的感觉，使情与景合而为一。
功能分区示意图：
A：主广场（主体雕塑下沉广场）
B：休闲活动区（主要活动区）
C：儿童活动区
D：私密空间
E：次入口广场（次雕塑）
F：休息区
G：玻璃顶棚。
将私密空间置于近乎庭园的景致之中，寓情于景，情景交融，别有一番情趣。
简洁明了的现代造型，极具几何化的造型，都说明了现代广场之旨趣。
借日本造园之小景，取其朴实自然别致之感，置于丛树中，倒也成点睛之笔。
桃花林，夹岸数百步，中无杂树，芳草鲜美，落英缤纷。
——《桃花源记》
指导教师：文增着 2001级环艺：王颖

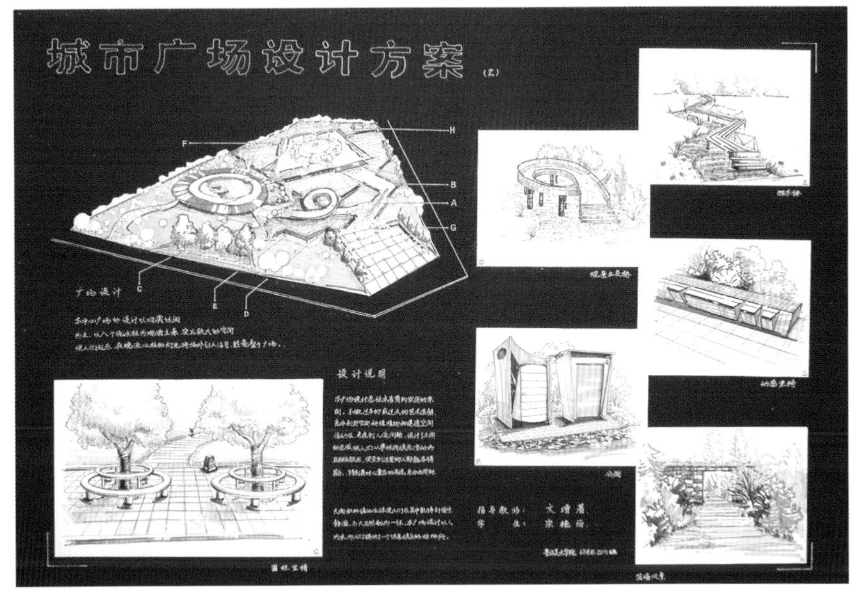

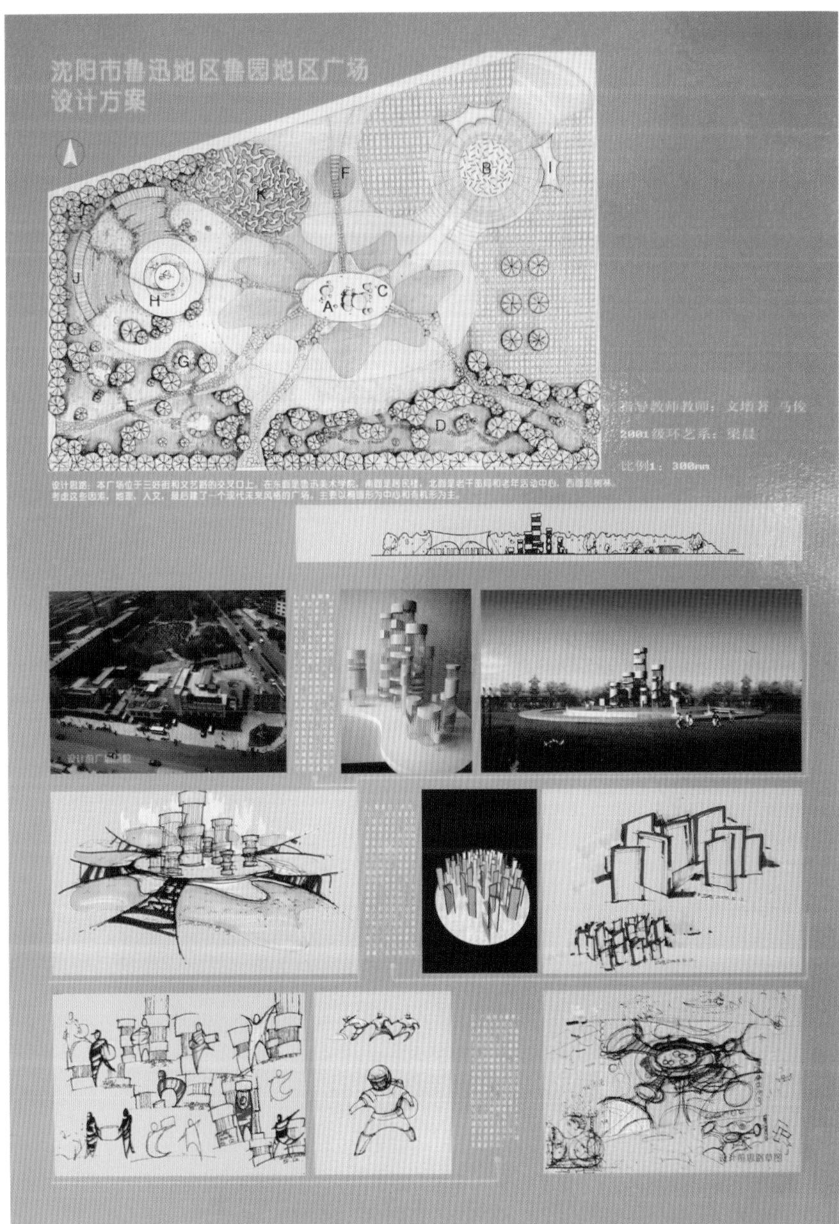

发挥自由想像力，是设计教学中特别提倡的，在构思时给学生一个充分想象的空间。有些想法可能不一定成熟，但可能是有创意的设计之萌芽

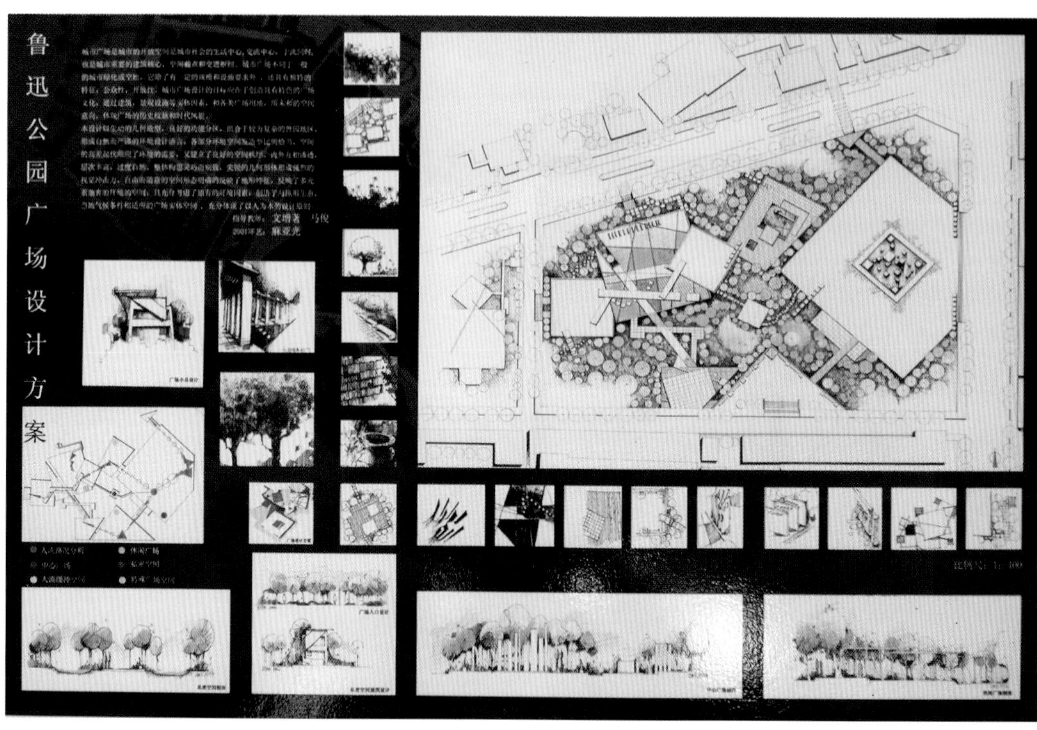
鲁迅公园广场设计方案

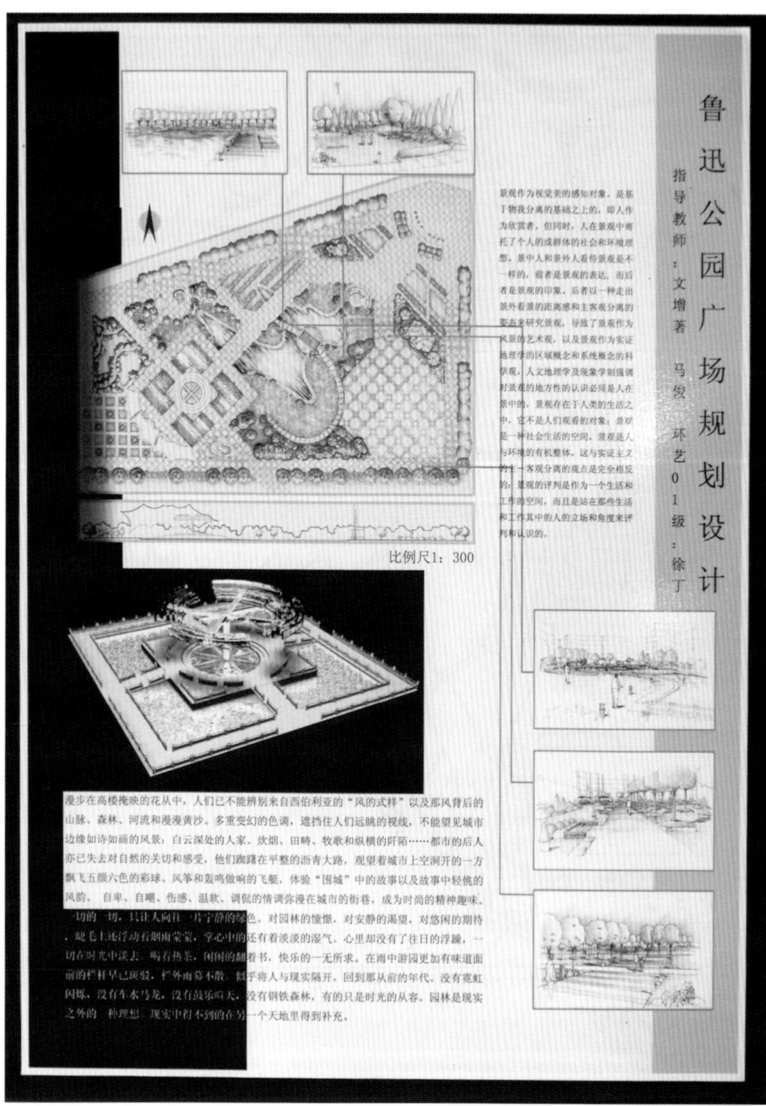
鲁迅公园广场规划设计
指导教师：文增著 马俊
环艺01级：徐丁
比例尺1：300
景观作为视觉美的感知对象，是基于物我分离的基础之上的，即人作为欣赏者。但同时，人在景观中寄托了个人的或群体的社会和环境理想。景中人和景外人看待景观是不一样的，前者是景观的表达，而后者是景观的印象。后者以一种走出景外看景的距离感和主客观分离的姿态来研究景观，导致了景观作为风景的艺术观，以及景观作为实证地理学的区域概念和系统概念的科学观，人文地理学及现象学则强调对景观的地方性的认识必须是人在景中的，景观存在于人类的生活之中，它不是人们观看的对象；景观是一种社会生活的空间，景观是人与环境的有机整体，这与实证主义的主一客观分离的观点是完全相反的；景观的评判是作为一个生活和工作的空间，而且是站在那些生活和工作其中的人的立场和角度来评判和认识的。
漫步在高楼掩映的花丛中，人们已不能辨别来自西伯利亚的“风的式样”以及那风背后的山脉、森林、河流和漫漫黄沙。多重变幻的色调，遮挡住人们远眺的视线，不能望见城市边缘如诗如画的风景：白云深处的人家、炊烟、田畴、牧歌和纵横的阡陌……都市的后人亦已失去对自然的关切和感受，他们踟蹰在平整的沥青大路，观望着城市上空洞开的一方飘飞五颜六色的彩球、风筝和轰鸣傲响的飞艇，体验“围城”中的故事以及故事中轻佻的风韵。自卑、自嘲、伤感、温软、调侃的情调弥漫在城市的街巷，成为时尚的精神趣味。
色。对园林的憧憬，对安静的渴望，对悠闲的期待
还有着淡淡的湿气。心里却没有了往日的浮躁，一
着书，快乐的一无所求。在雨中游园更加有味道面
乎将人与现实隔开，回到那从前的年代。没有霓虹
没有钢铁森林，有的只是时光的从容。园林是现实
一个天地里得到补充。

ENVIRONMENTAL DESIGN

第五周完成稿

以路、廊连接各空间环境，以小品强调形象定位，使广场的总体环境特点得以体现

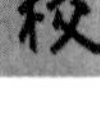

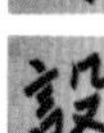

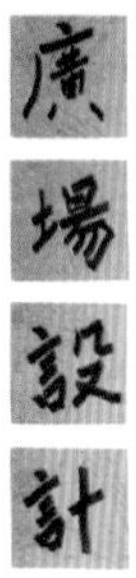

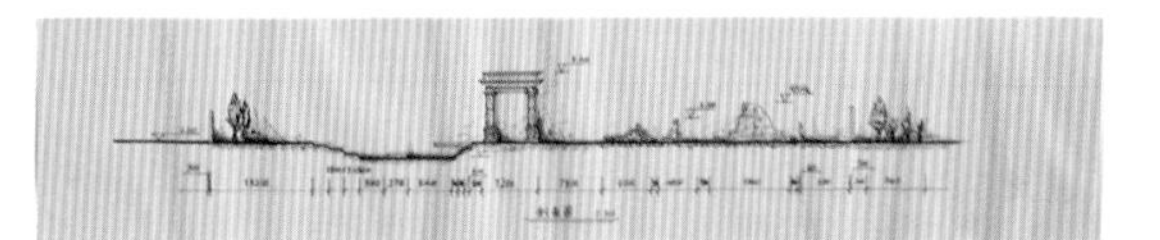

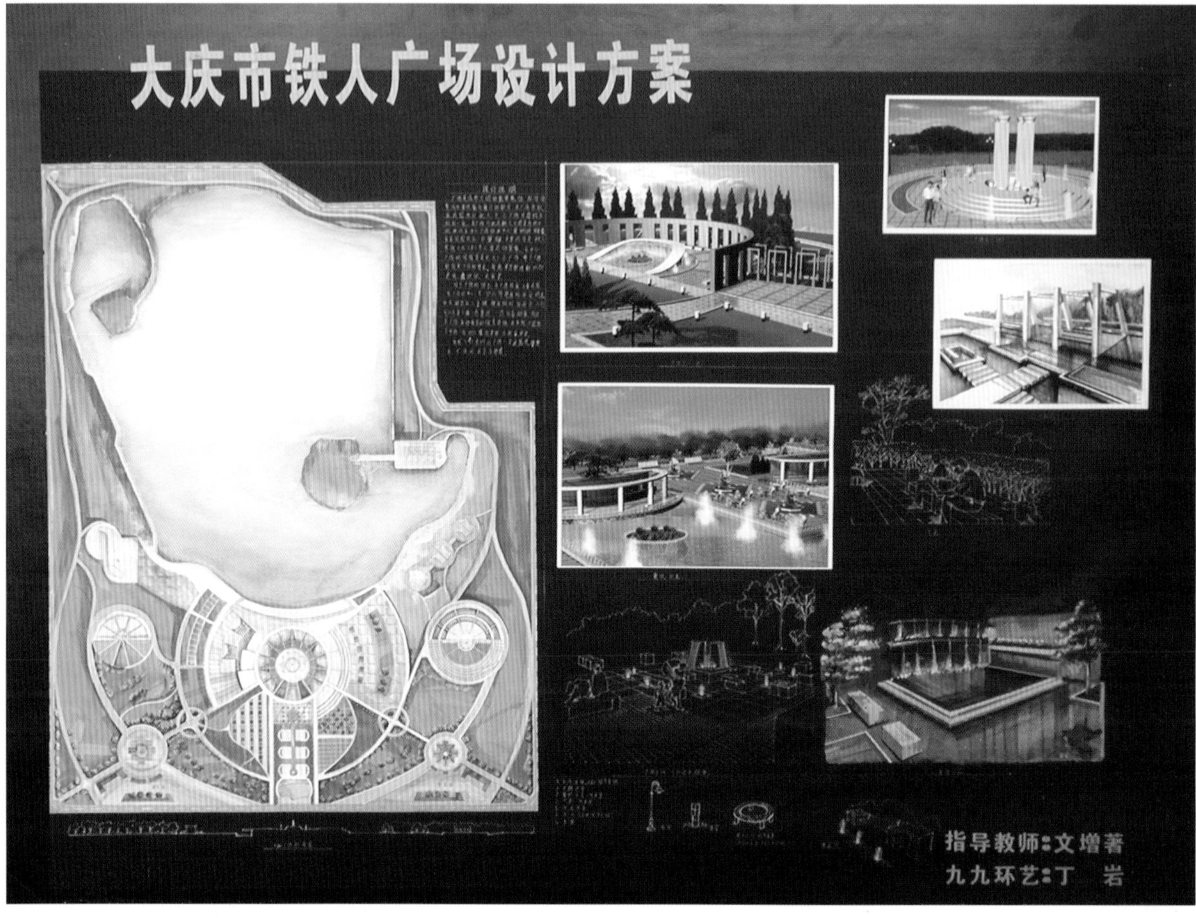
大庆市铁人广场设计方案
指导教师：文增著
九九环艺：丁　岩

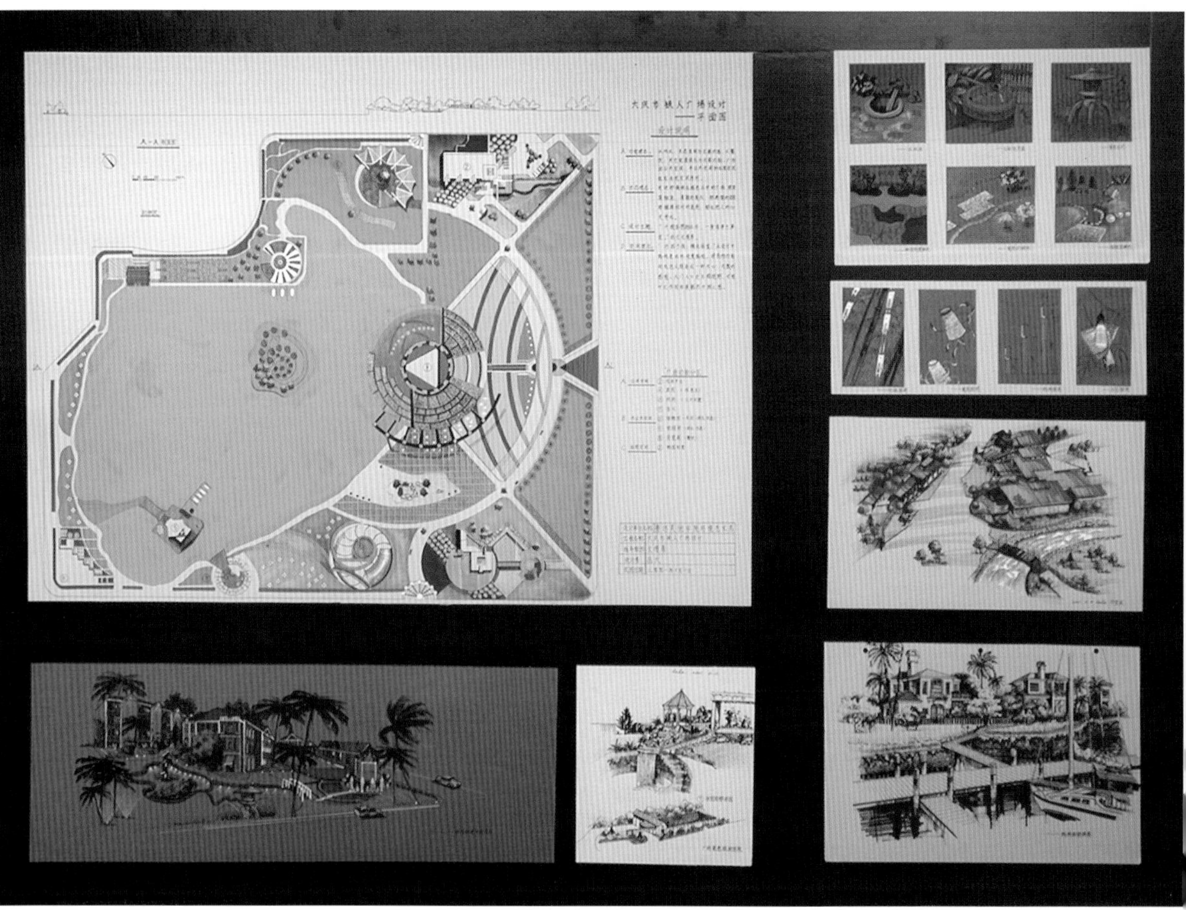

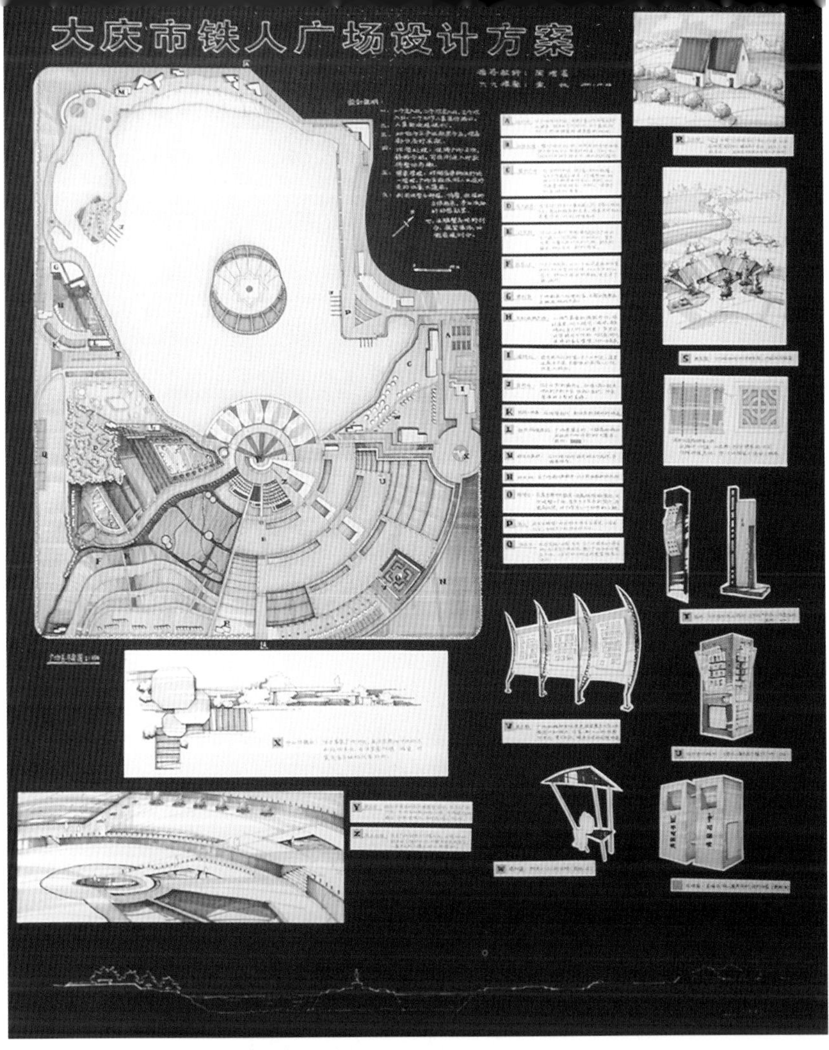
大庆市铁人广场设计方案

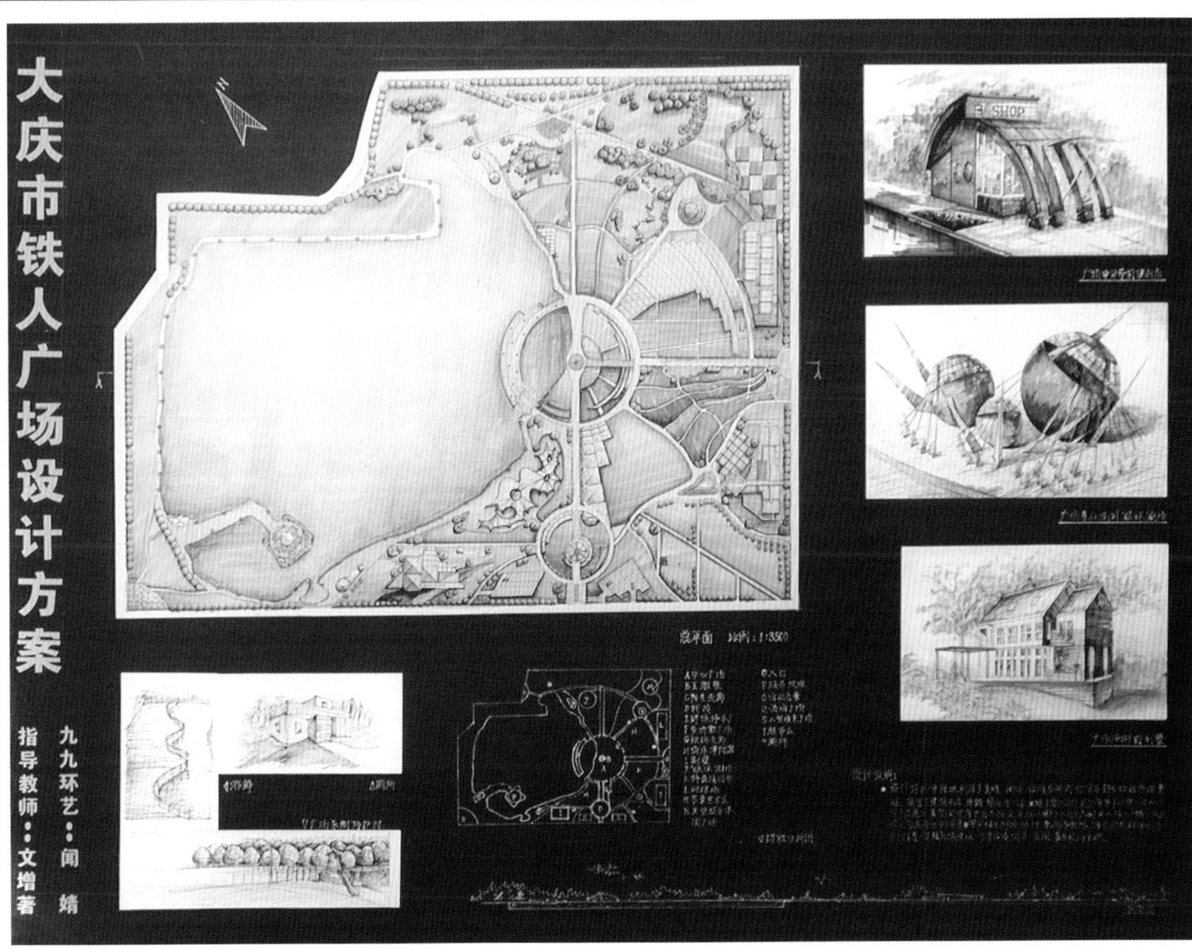
大庆市铁人广场设计方案
九九环艺：闻 婧
指导教师：文增著
SHOP

大庆市铁人广场设计方案
DAQINGSHI TIEREN GUANGCHANG SHIJI FANGAN
2001.10.22
指导教师：文增著　鲁迅美术学院九九环艺　于天峰
万宝湖
总平面图
雕塑 1
雕塑 2
路灯&垃圾桶
体育馆
材质
路牌
A 中心广场
B 下沉广场
C 休闲运动区
D 情侣区
E 喷水广场
F 嬉水区
G 购物区
H 草坪
I 码头
J 景观石
K 集会区
L 水池
M 喷水游乐区
N 索膜结构
O 观景台
P 柱廊
Q 停车场
R 中心广场娱乐区
S 中心广场休息区
总体策划说明　大庆铁人广场采用抽象的手法进行设计，广在功能上体现娱乐、休闲等功能，在设计上具有现代感很强、简洁、大方等特色。
材料上大部分采用环保材料，能让人们在繁忙紧张的工作中，在此处获得心情上的释放，回归自然。
广场剖面图

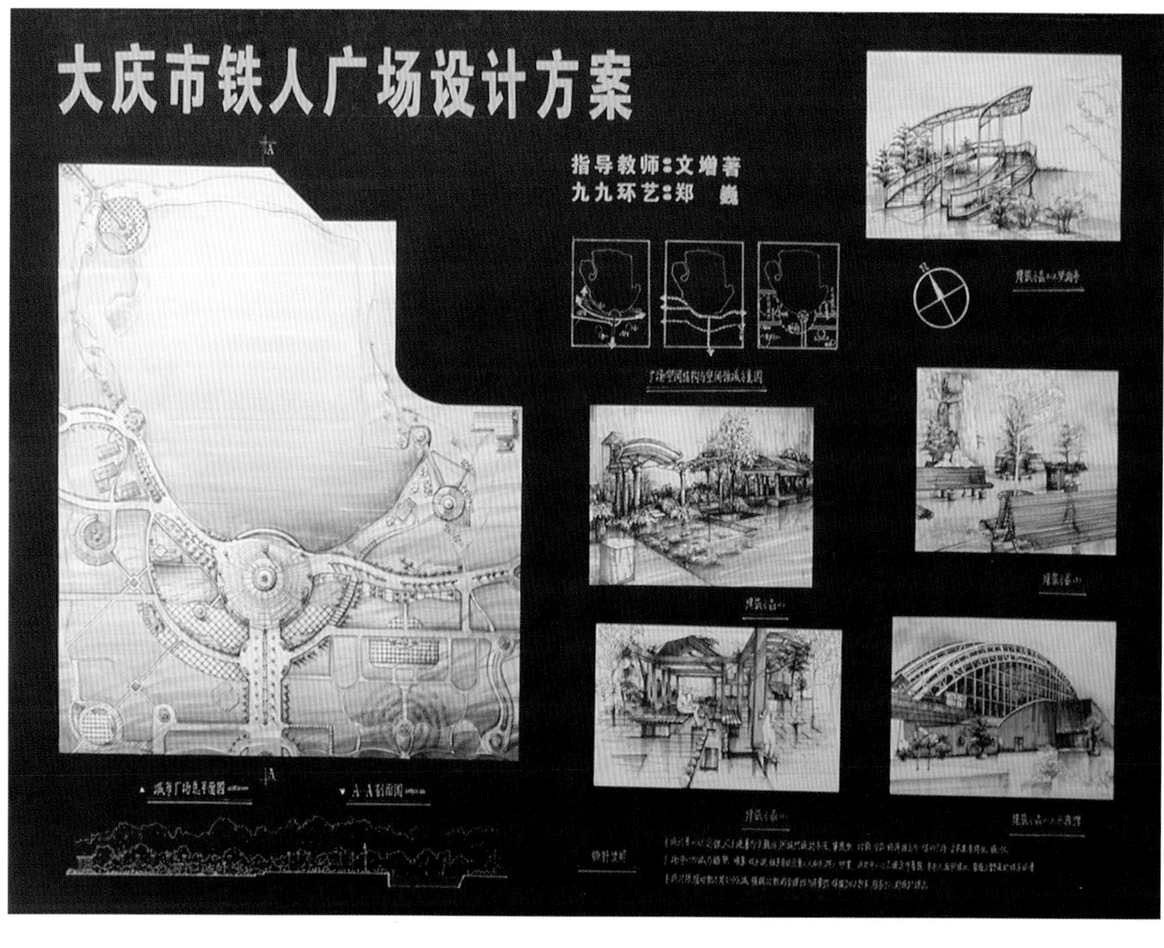

大庆市铁人广场设计方案
指导教师：文增著
九九环艺：郑

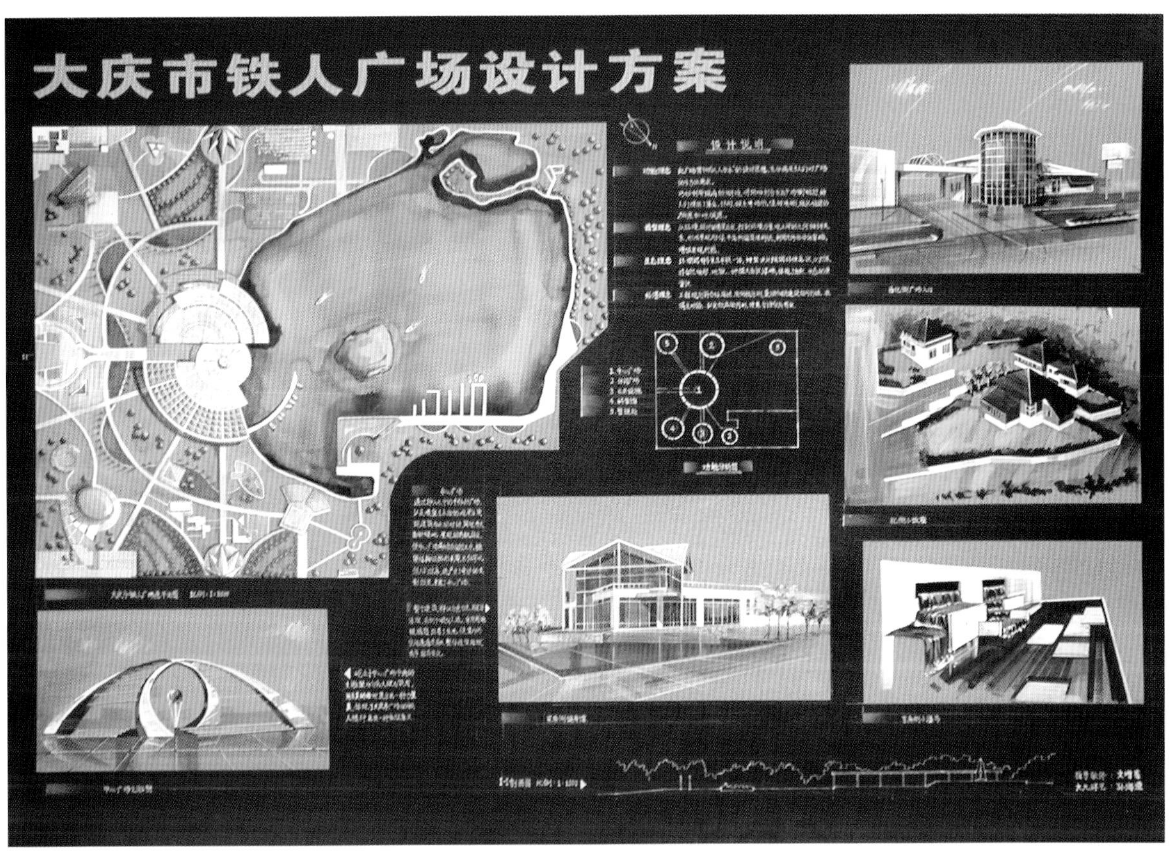
大庆市铁人广场设计方案
设计说明

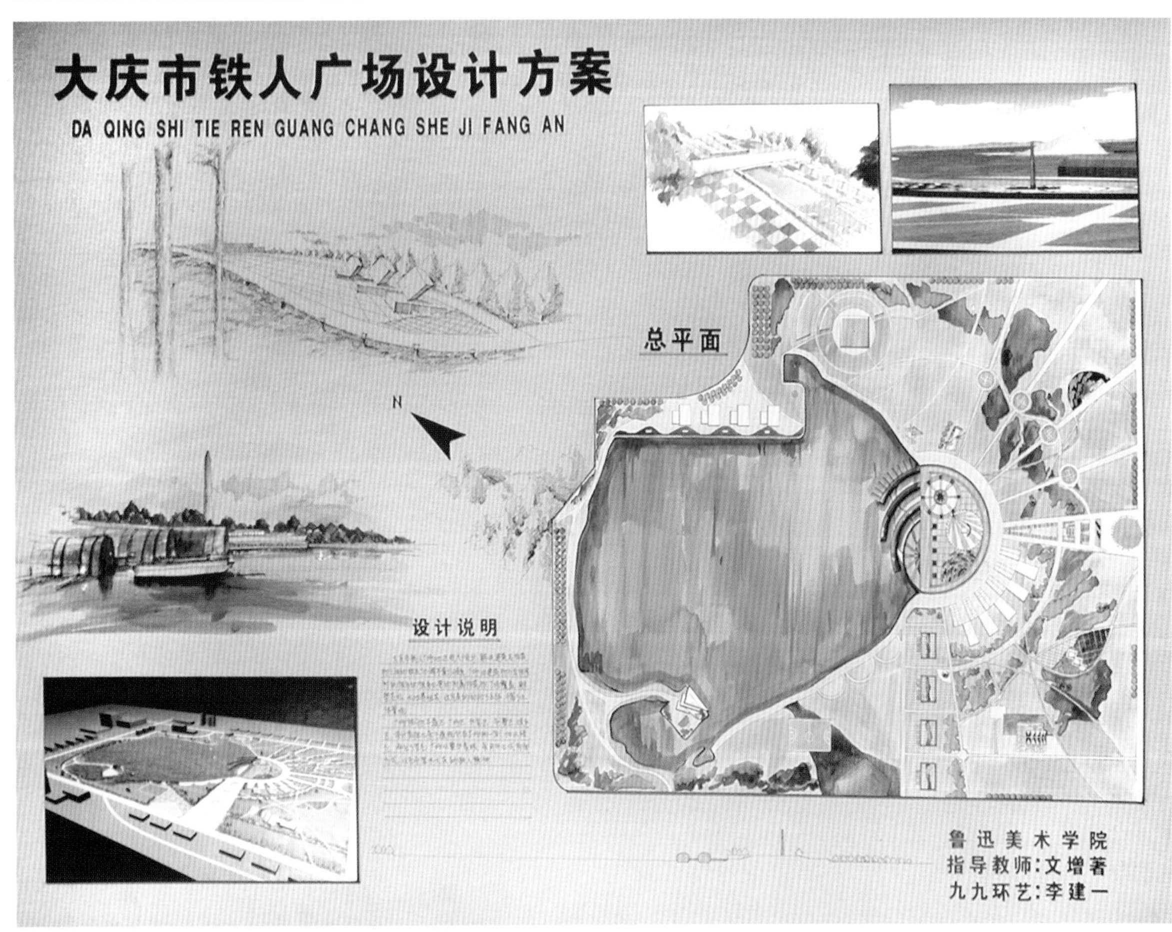
大庆市铁人广场设计方案
DA QING SHI TIE REN GUANG CHANG SHE JI FANG AN
总平面
N
设计说明
鲁迅美术学院
指导教师:文增著
九九环艺:李建一

ENVIRONMENTAL DESIGN

第五周完成稿

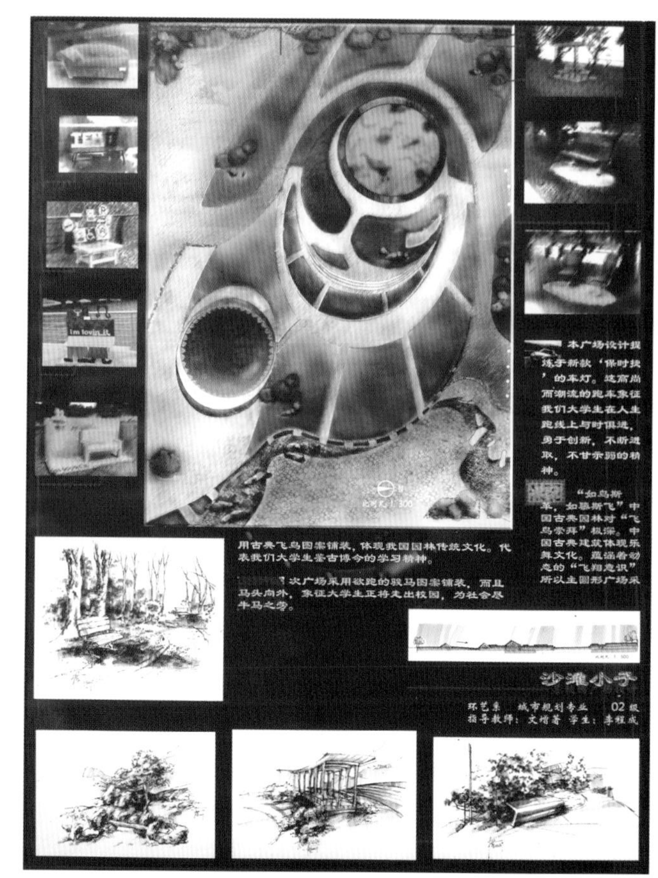

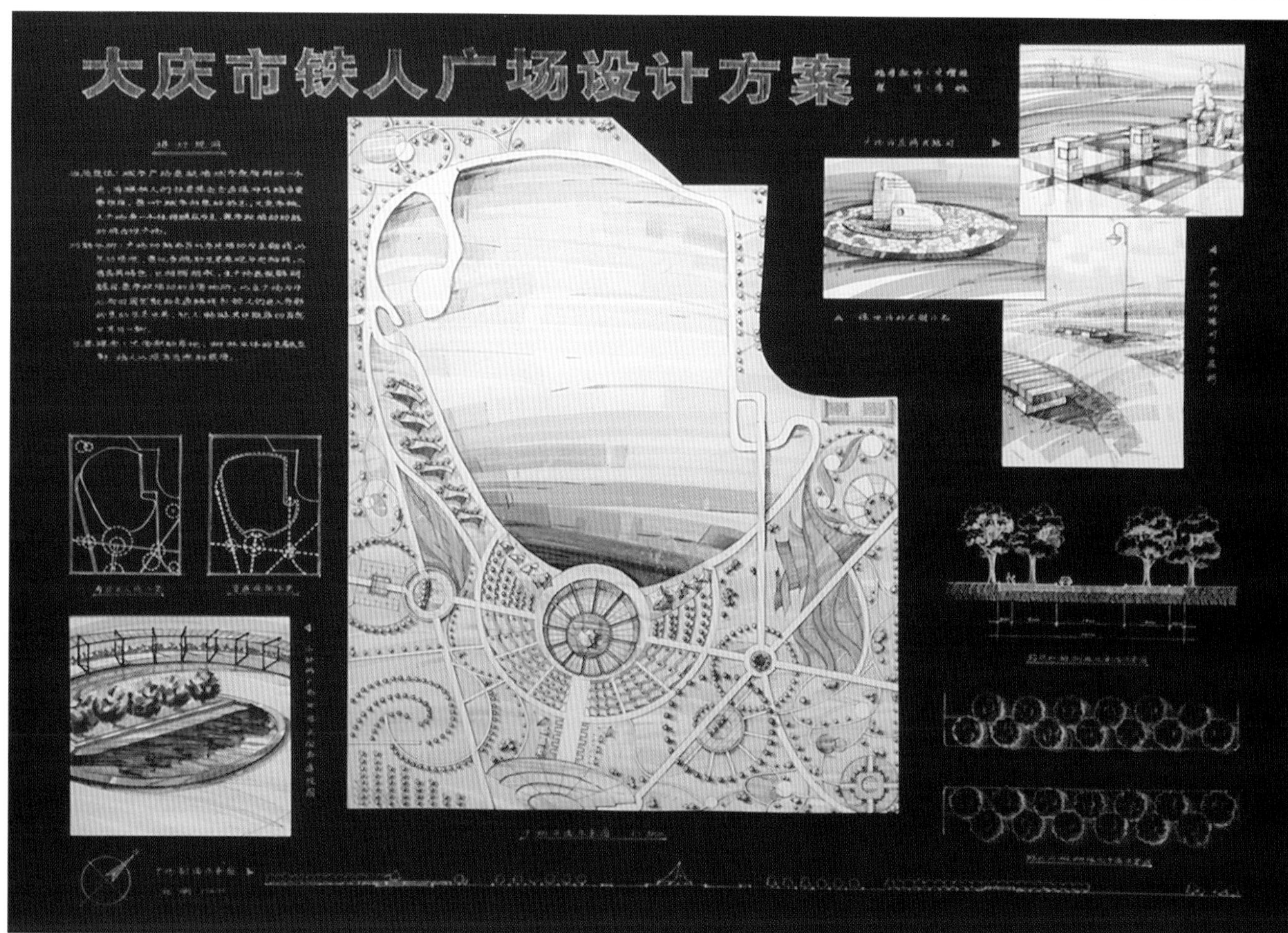

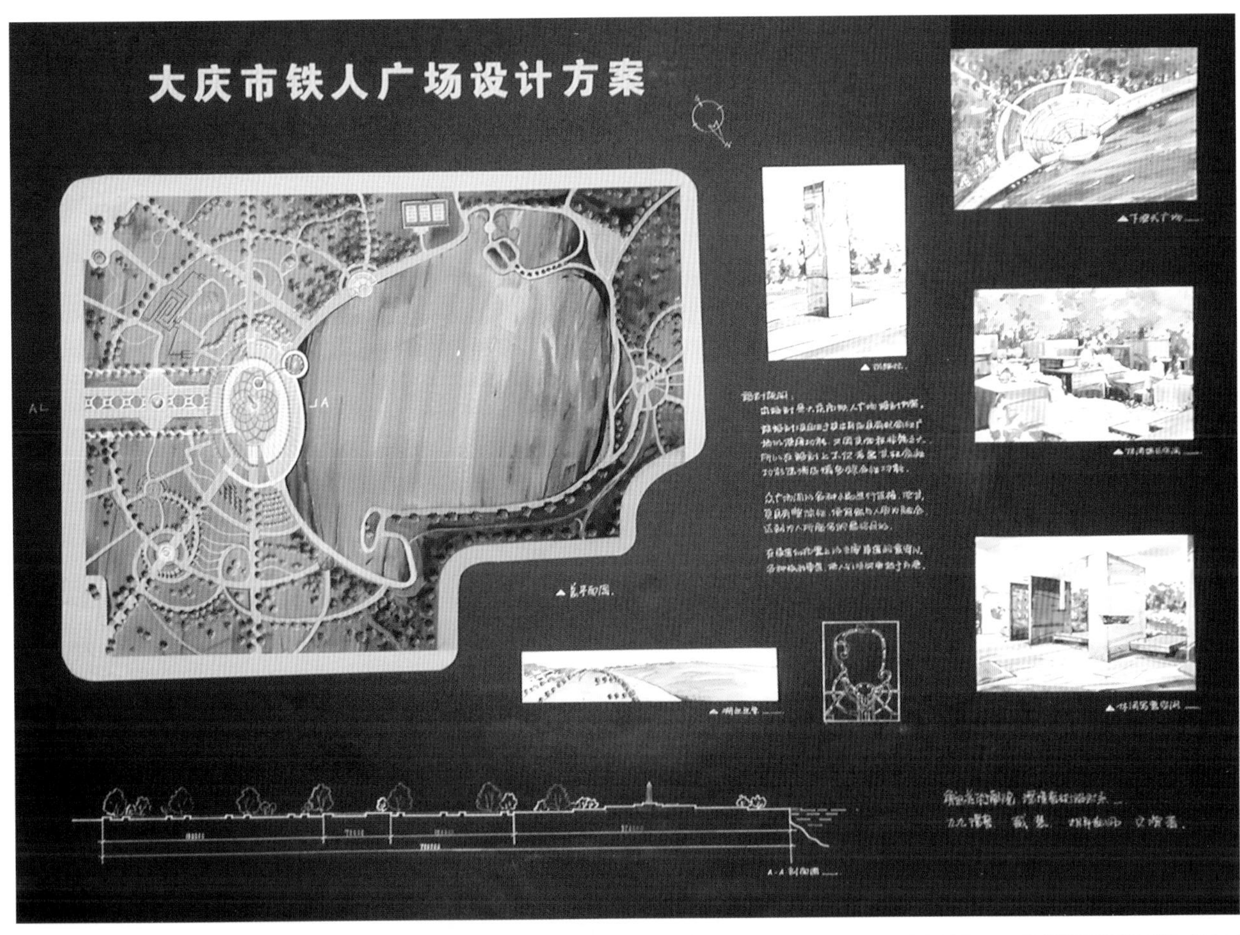
大庆市铁人广场设计方案

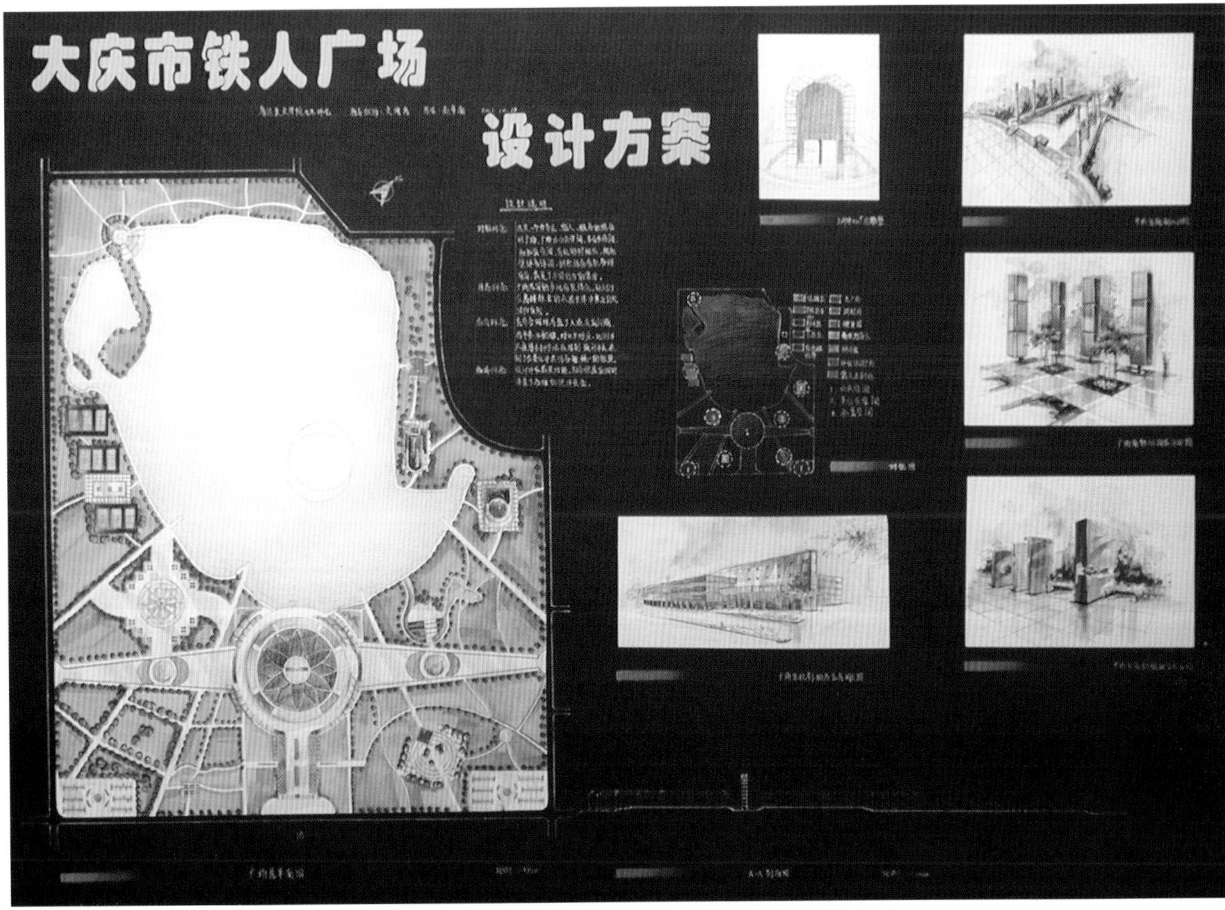
大庆市铁人广场
设计方案

大庆铁人广场设计方案
指导教师:文增著
环艺:李浩澜
DEPT OF ENVIRONMENT ART DESIGN

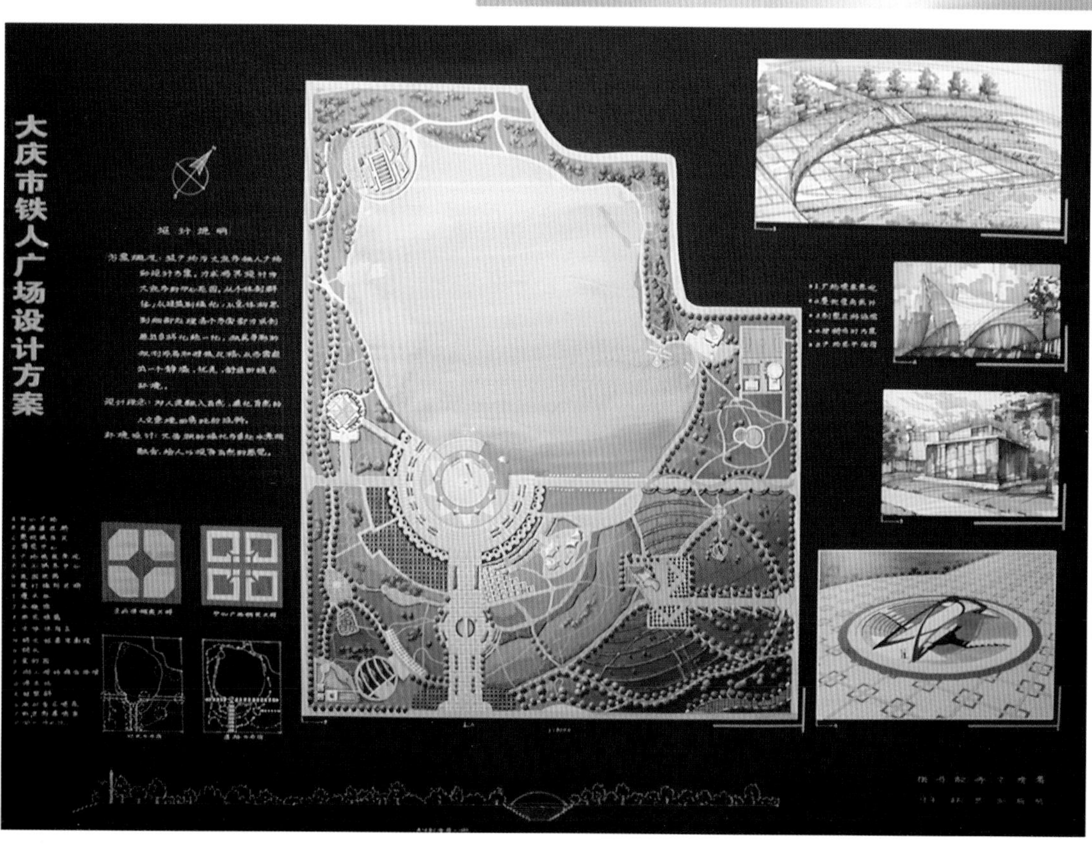
大庆市铁人广场设计方案

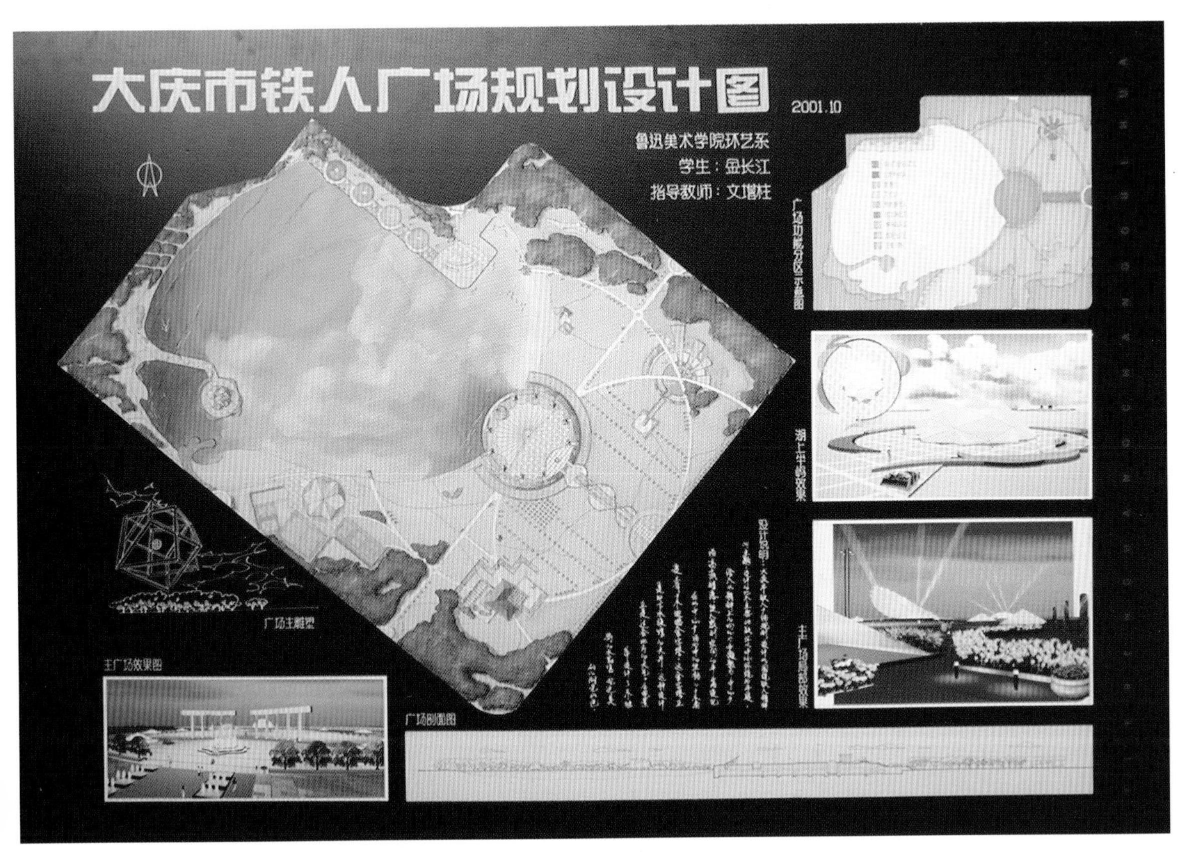
大庆市铁人广场规划设计图
2001.10
鲁迅美术学院环艺系
学生：岳长江
指导教师：文增柱
广场功能分区示意图
湖上半岛效果
主广场局部效果
广场主雕塑
主广场效果图
广场剖面图

葫芦岛市中心广场规划

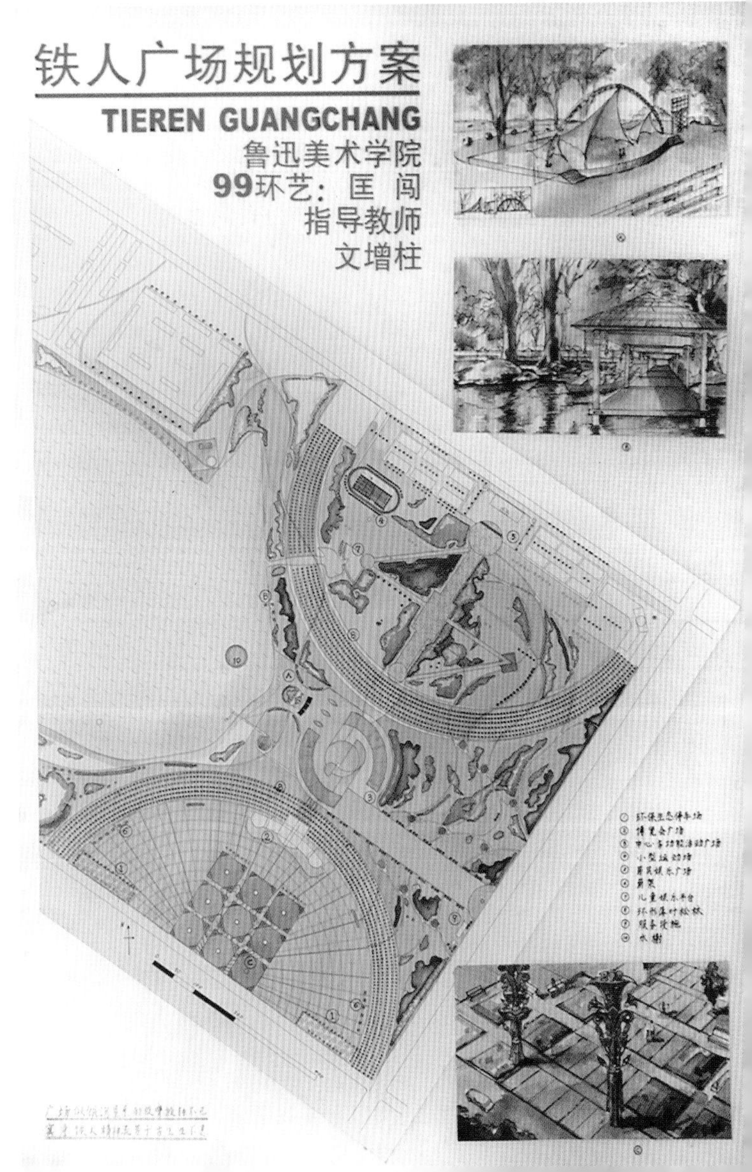
铁人广场规划方案
TIEREN GUANGCHANG
鲁迅美术学院
99环艺：匡闯
指导教师
文增柱

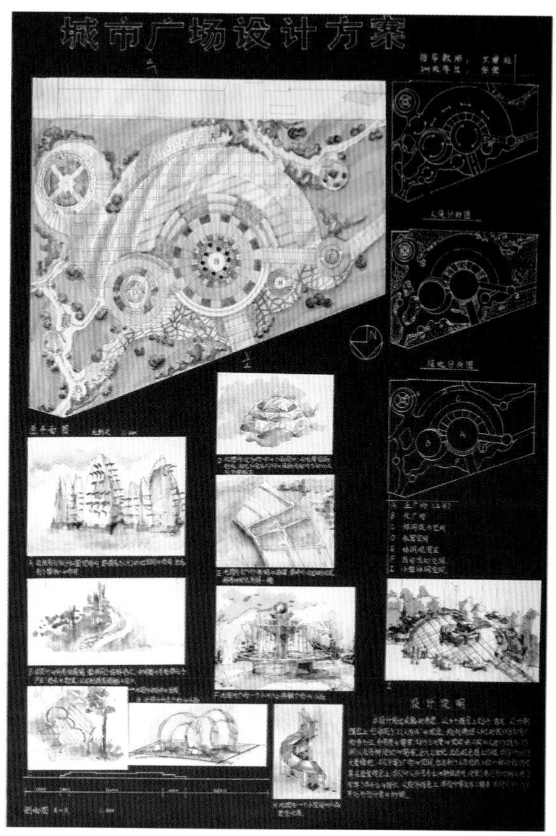
城市广场设计方案

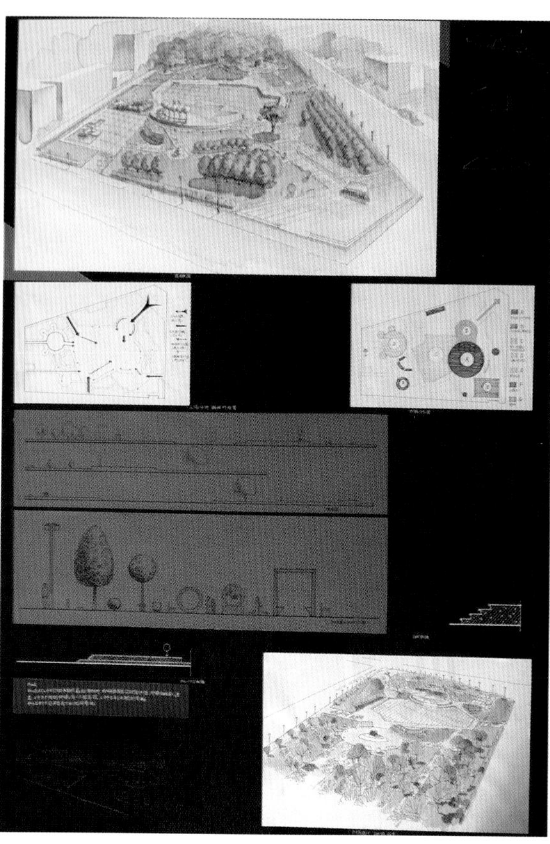

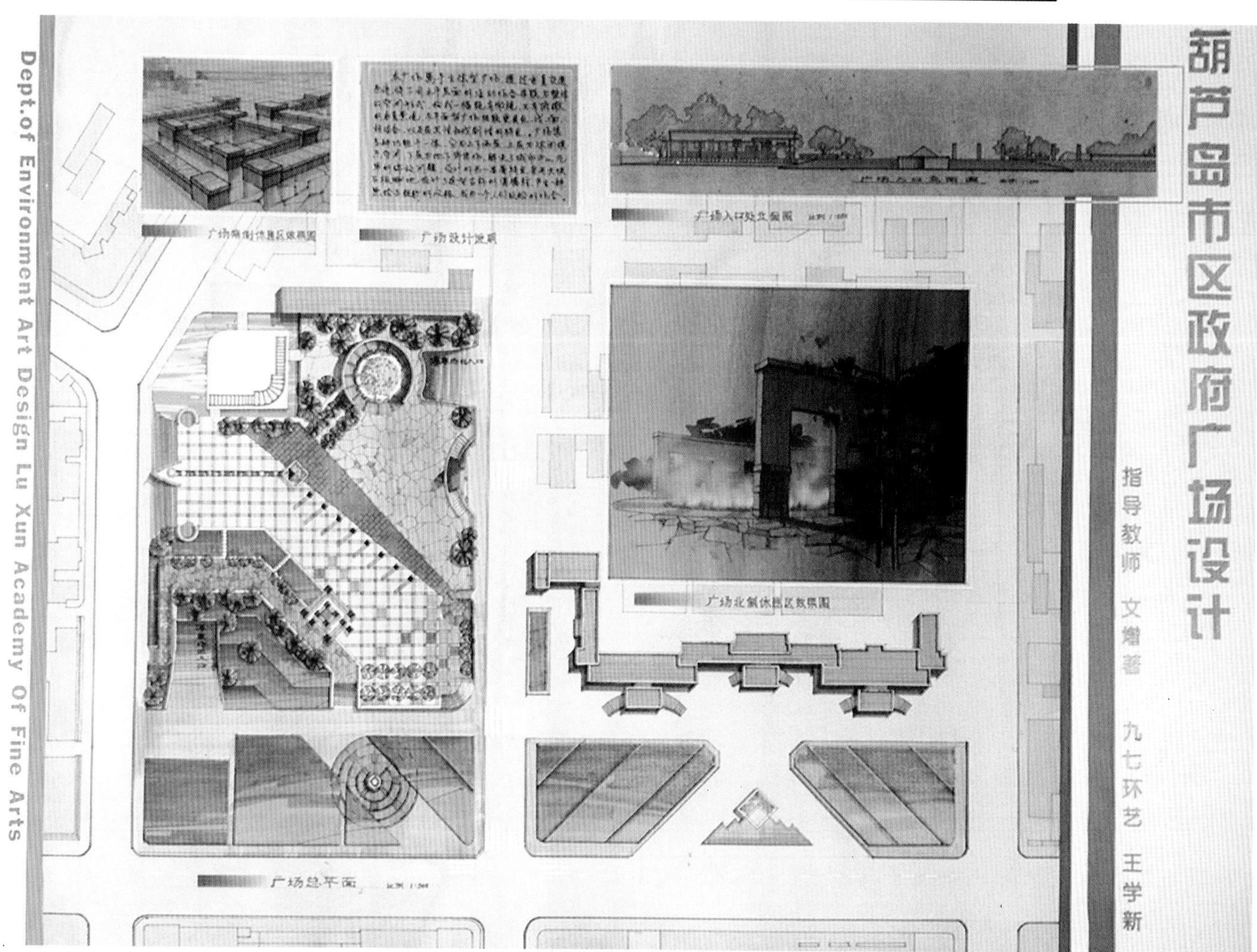
葫芦岛市区政府广场设计
指导教师 文增著
九七环艺 王学新
Dept.of Environment Art Design Lu Xun Academy Of Fine Arts
广场设计说明
广场入口处立面图
广场北侧休息区效果图
广场总平面

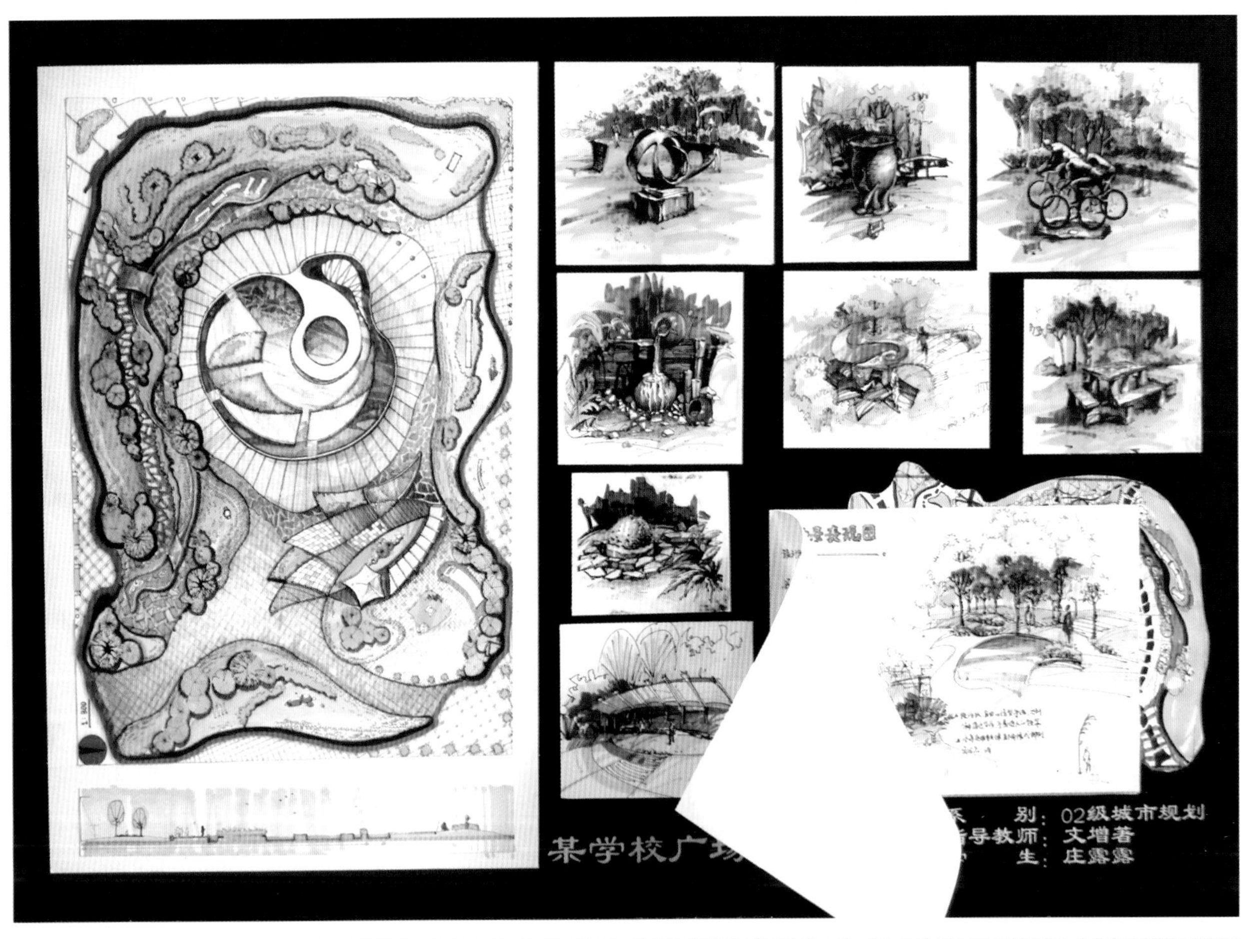
某学校广场
别：02级城市规划
导教师：文增著
生：庄露露

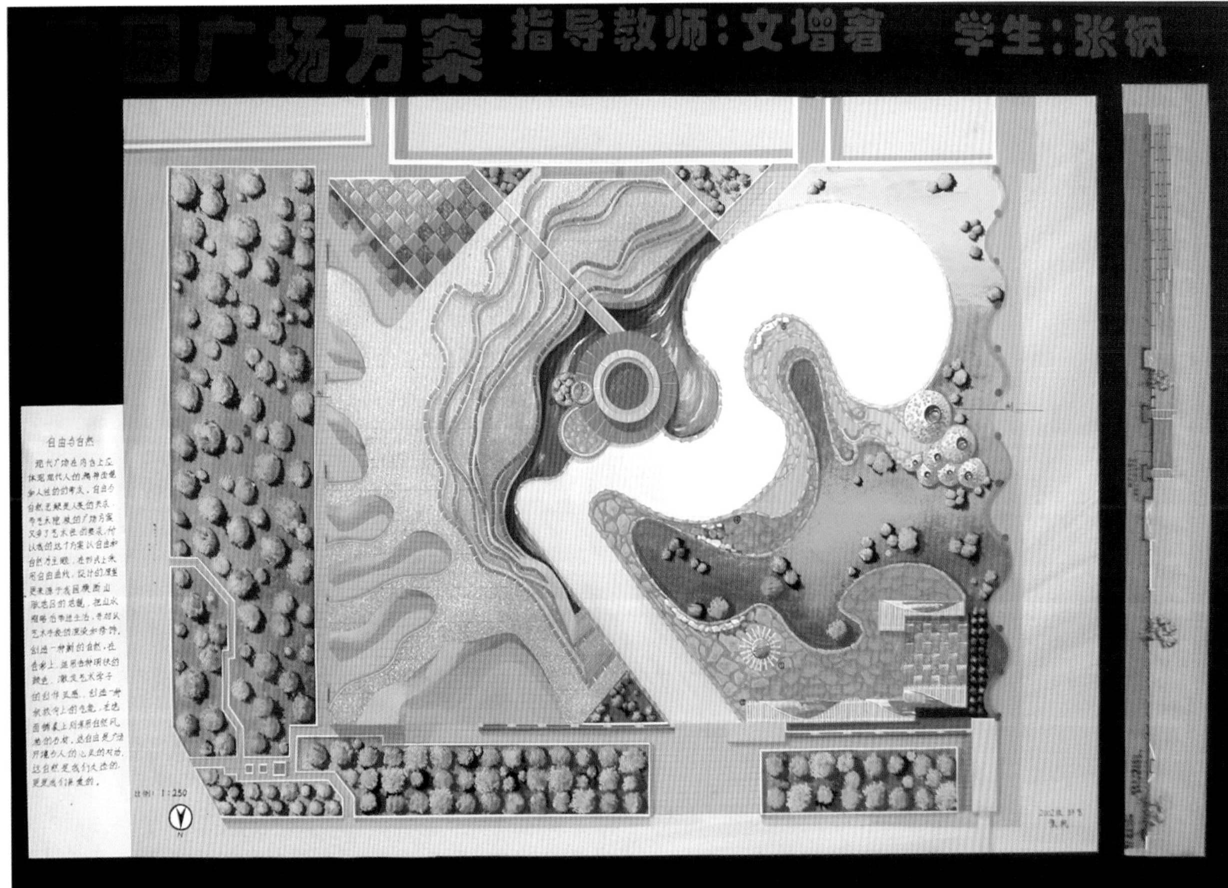
广场方案　指导教师：文增著　学生：张枫
自由与自然

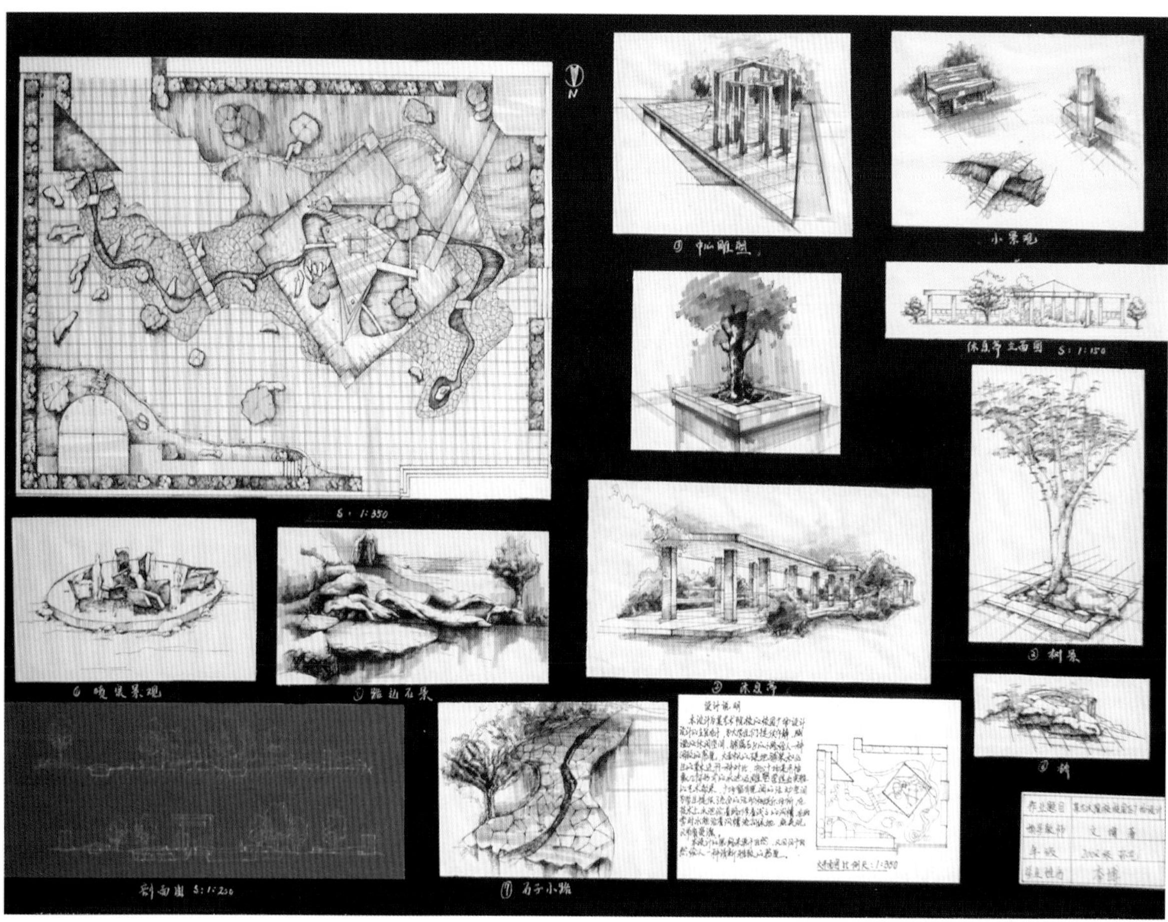

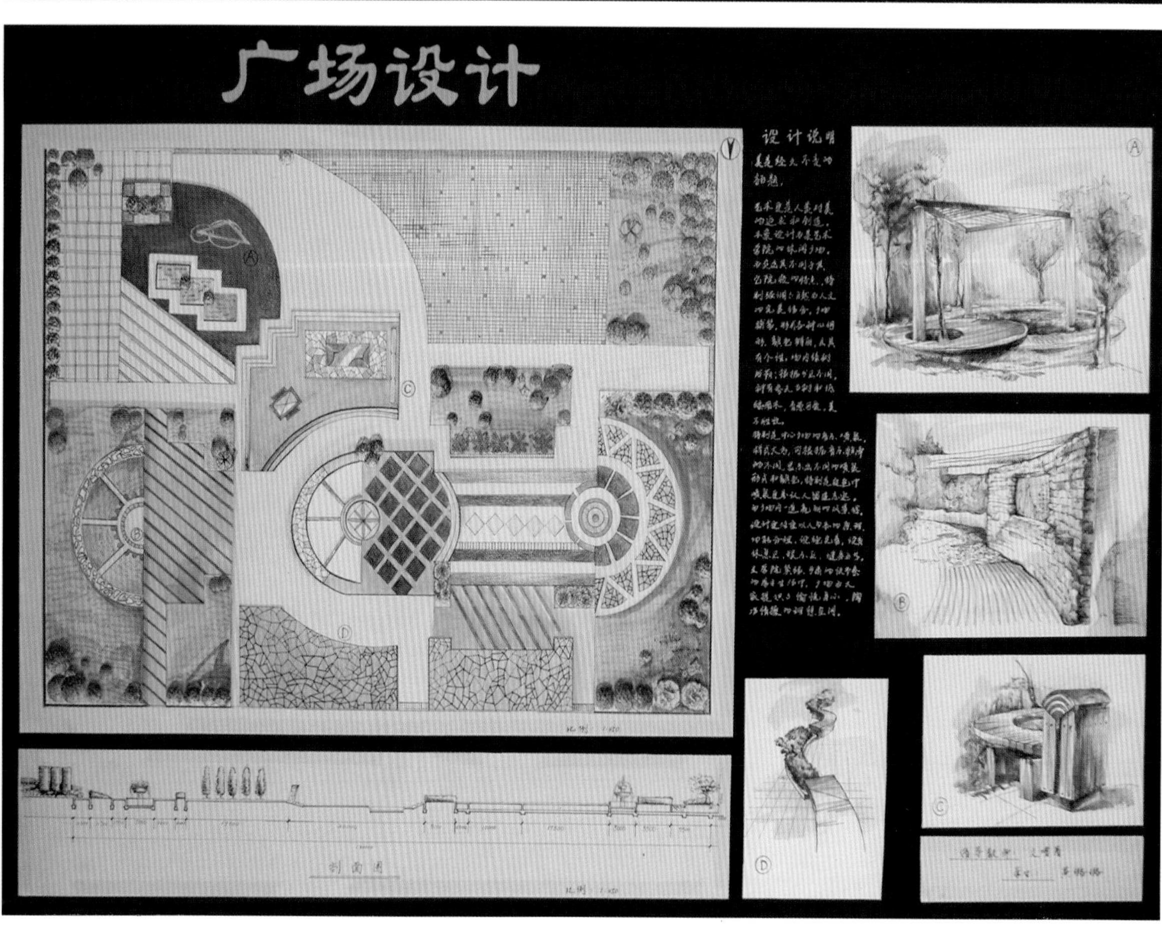
广场设计
设计说明

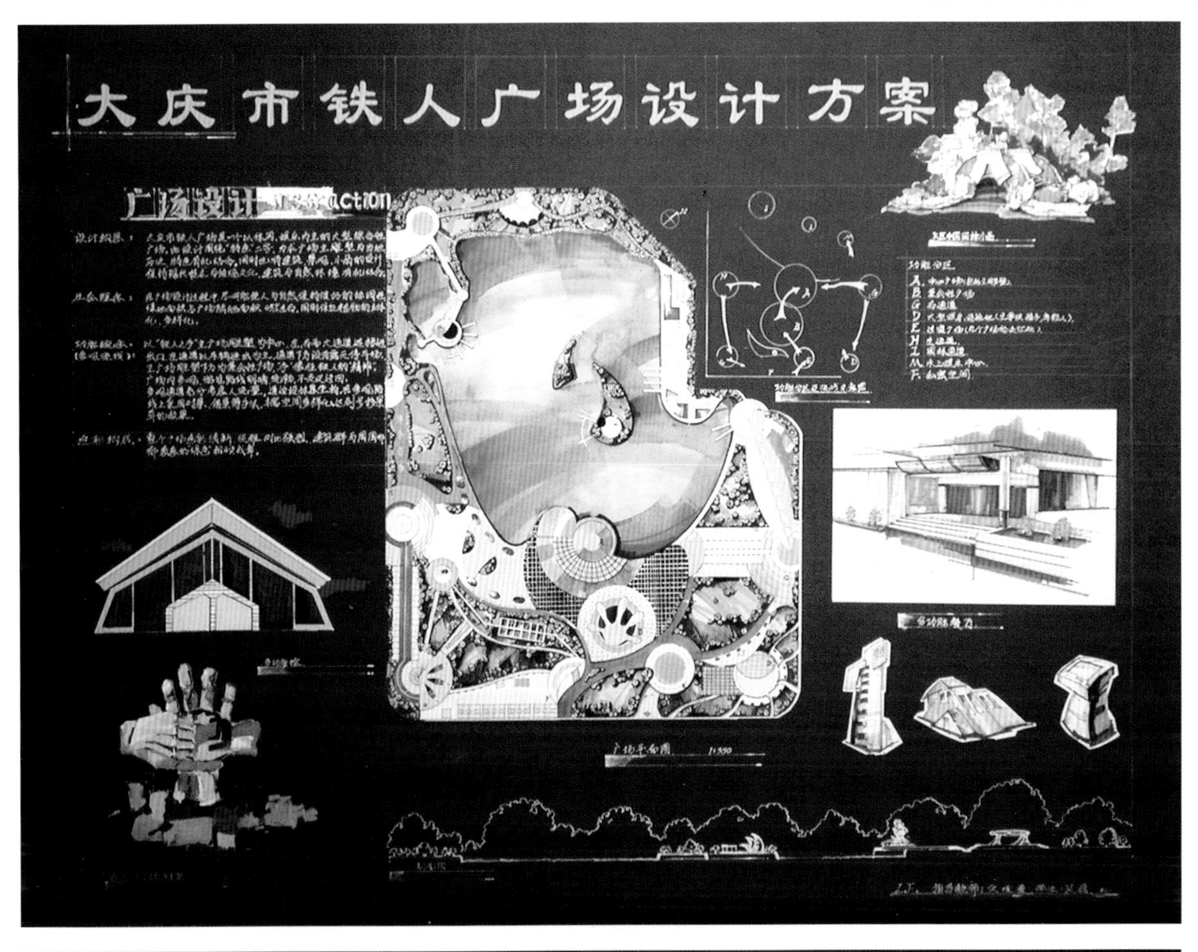
大庆市铁人广场设计方案

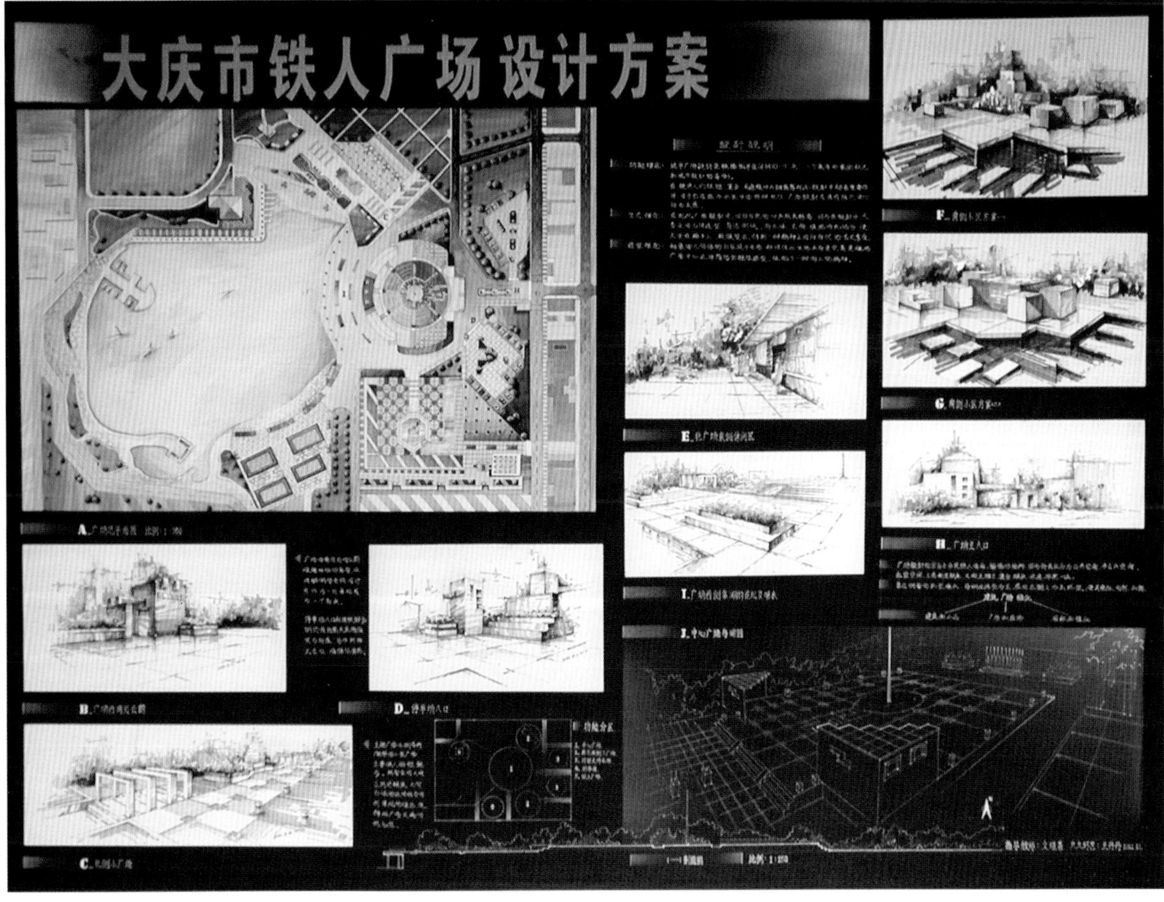
大庆市铁人广场设计方案

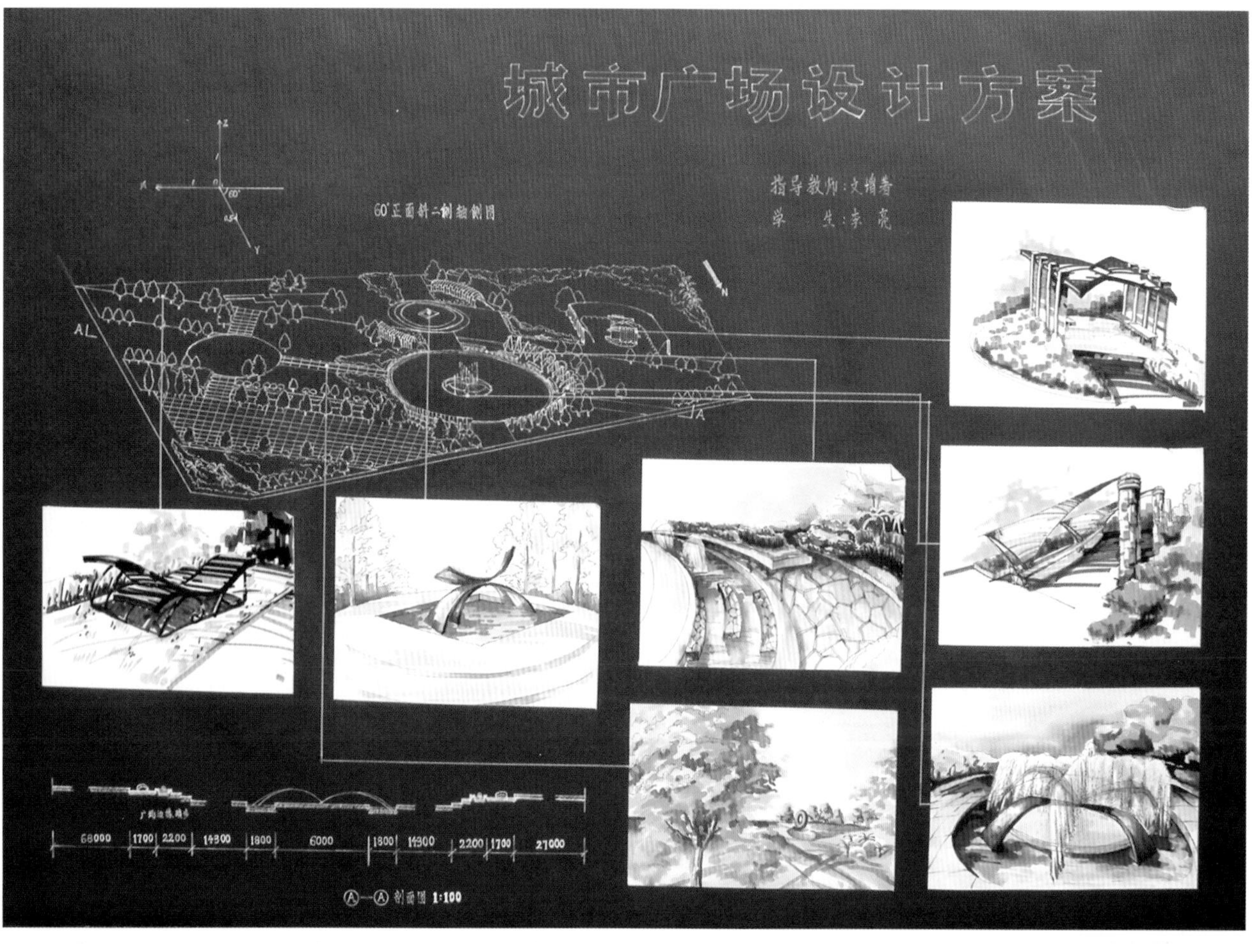
城市广场设计方案
指导教师：文增著
60°正面斜二侧轴侧图
68000
1700
2200
14300
1800
6000
1800
14300
2200
1700
27000
Ⓐ—Ⓐ 剖面图 1:100

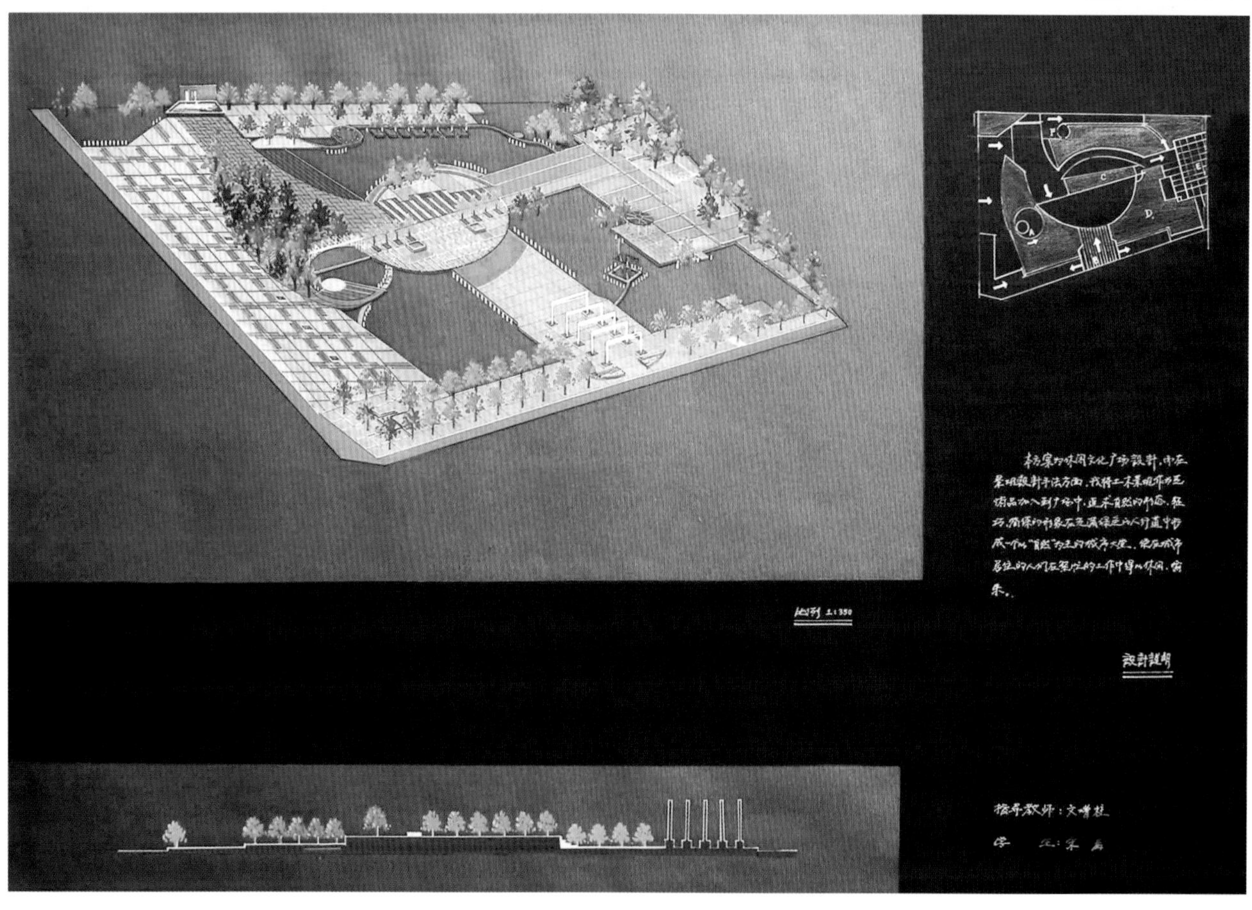
设计说明
指导教师：文增著

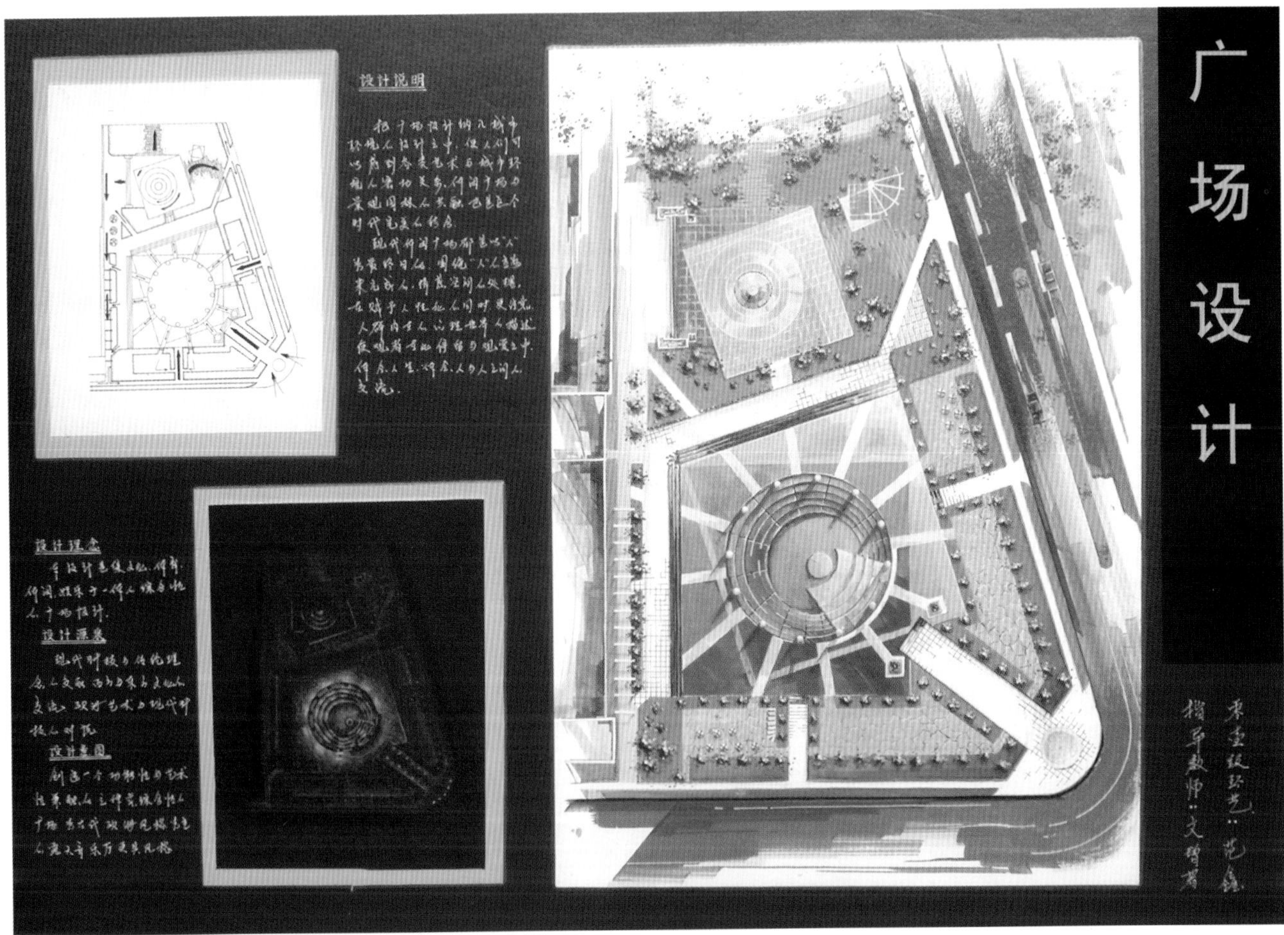
广场设计

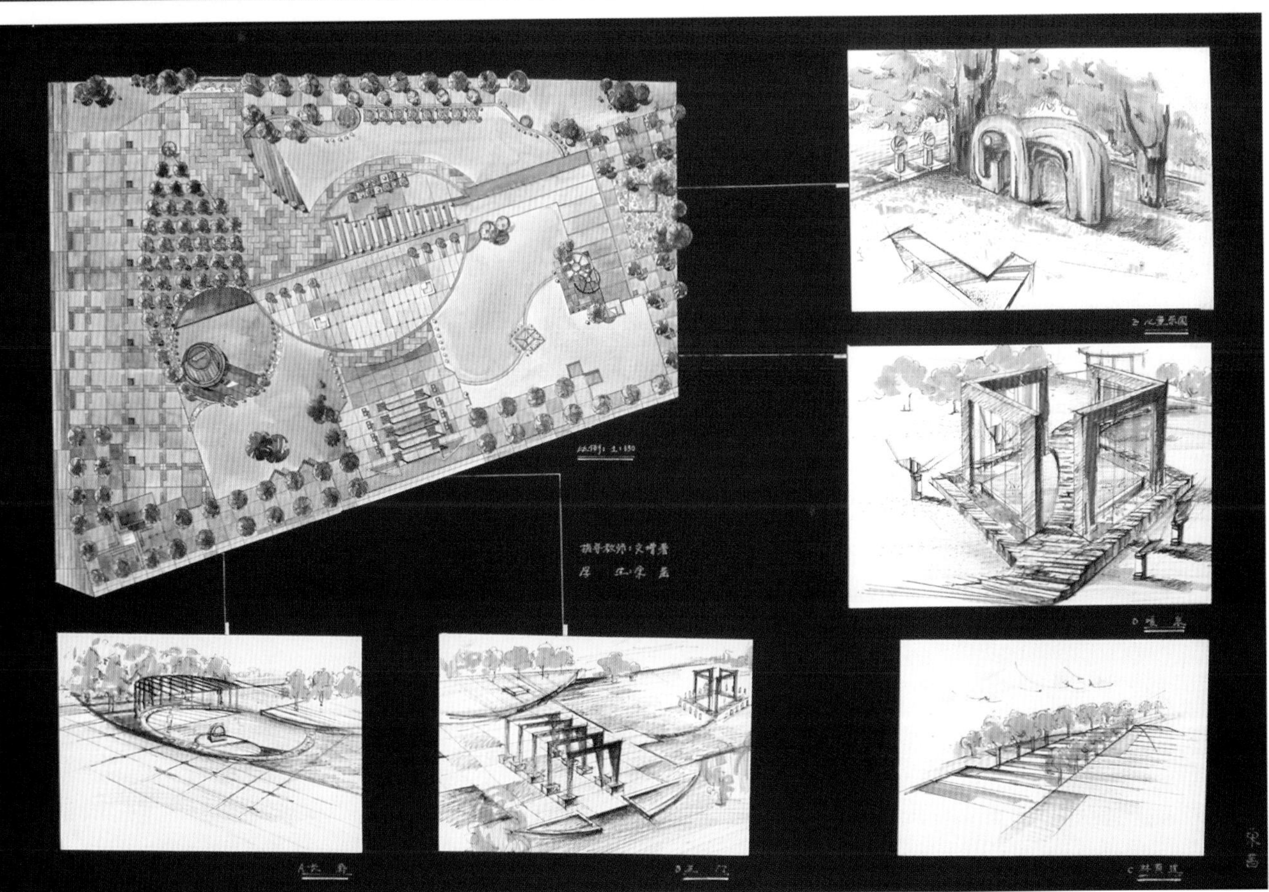

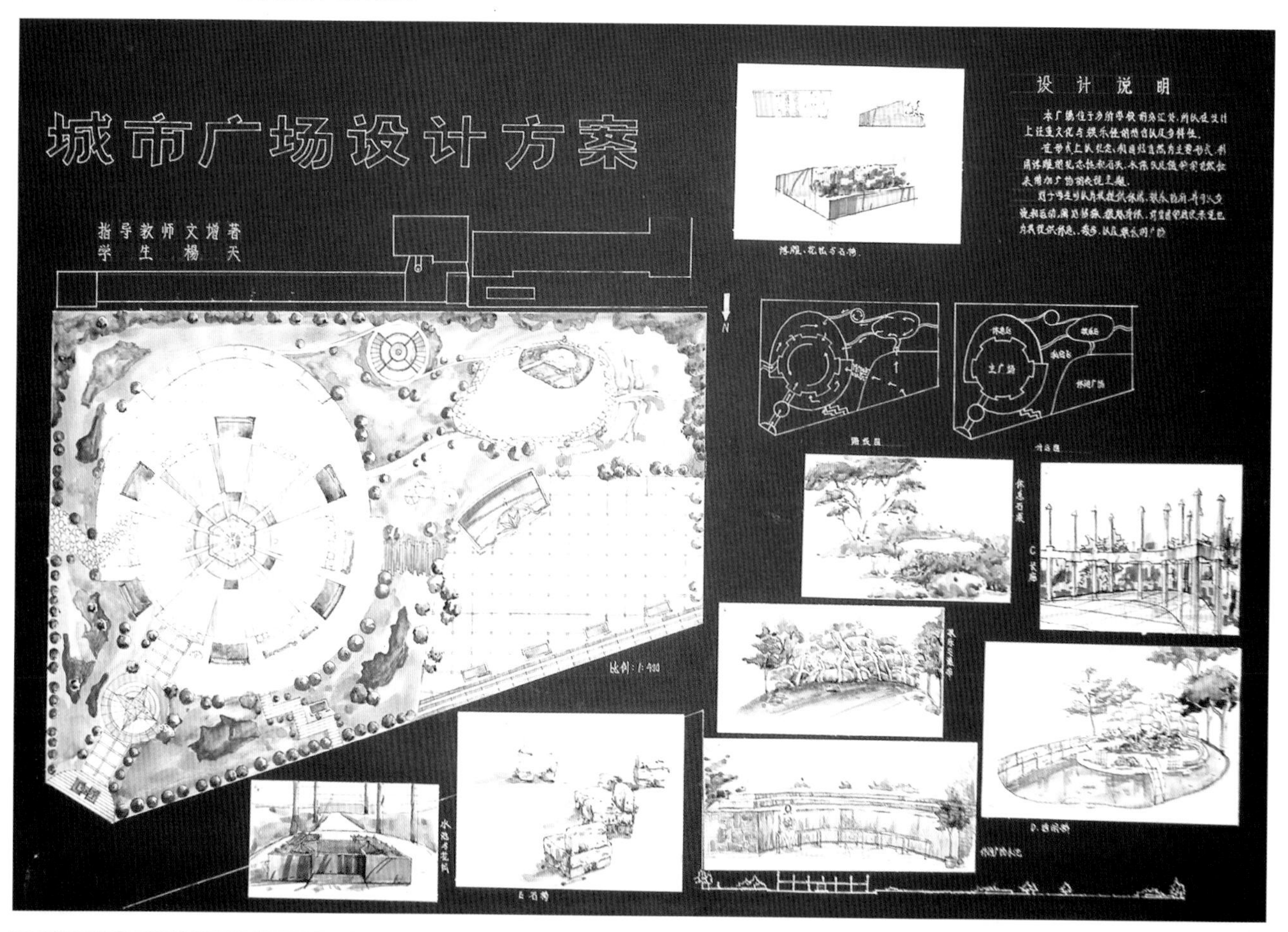
城市广场设计方案
指导教师 文增著
学生 杨天
设计说明
比例 1:400

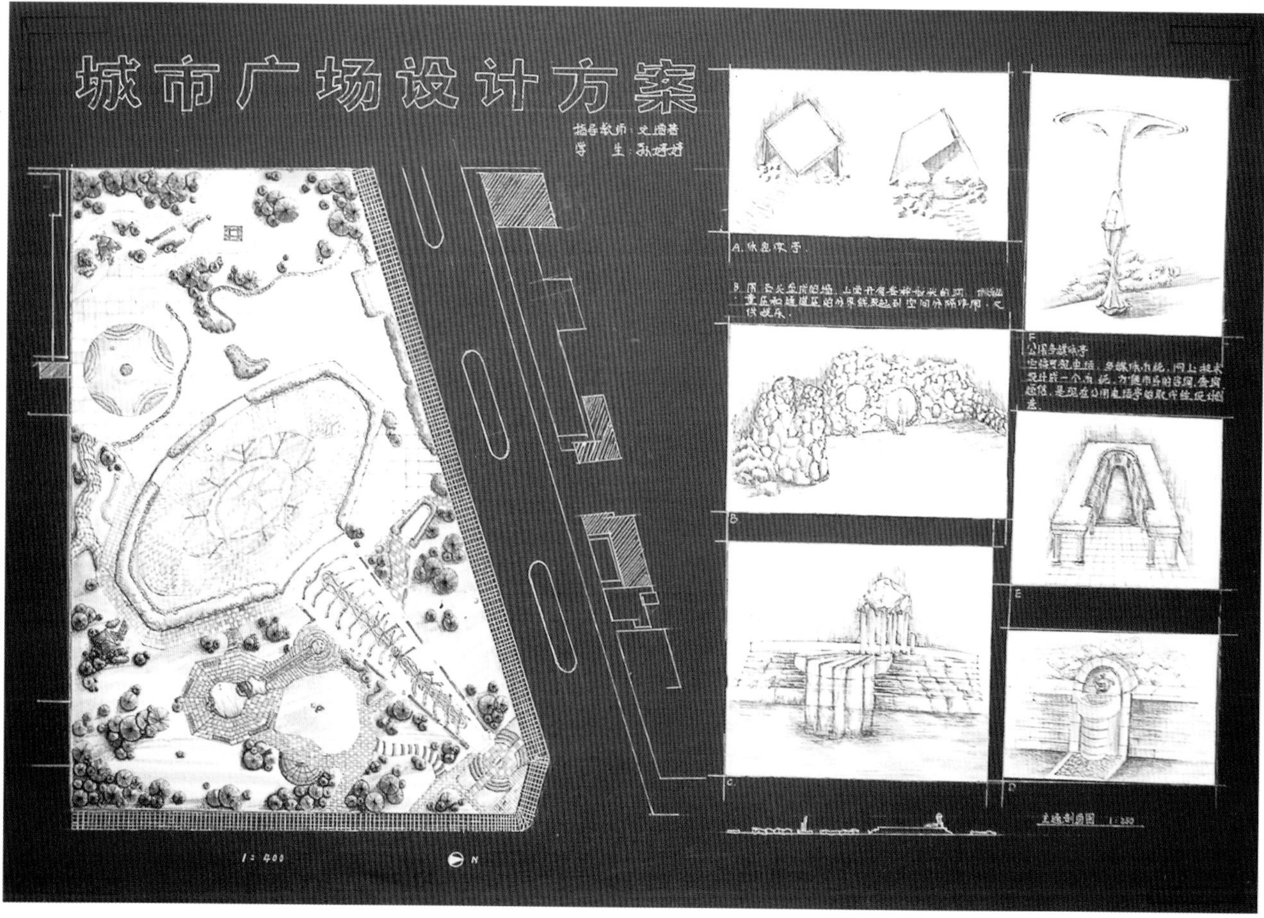
城市广场设计方案
1:400

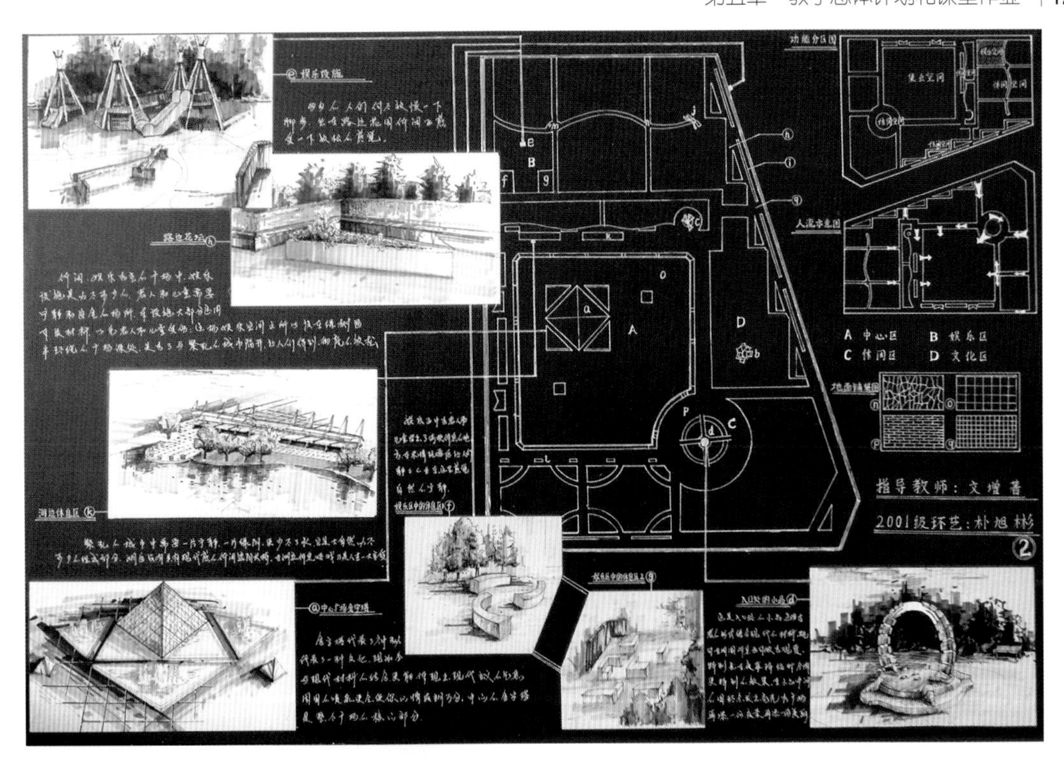
指导教师：文增著
2001级环艺：朴旭彬
A 中心区
B 娱乐区
C 休闲区
D 文化区

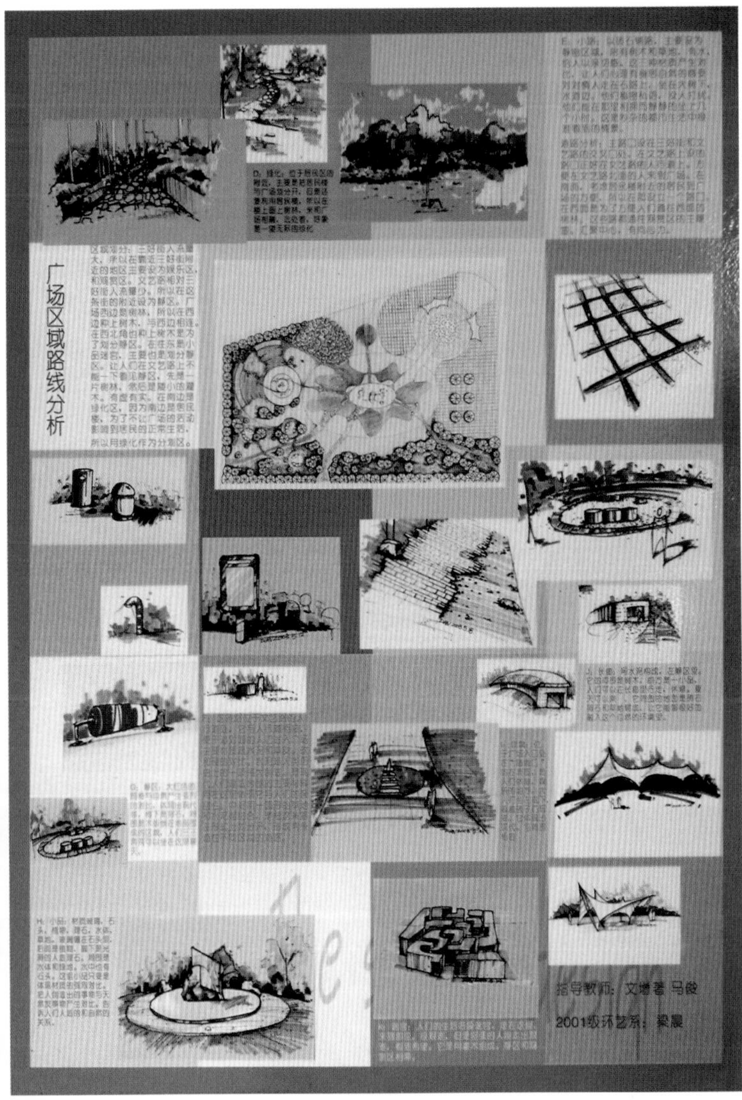
广场区域路线分析
指导教师：文增著 马俊
2001级环艺系：梁晨

九品人間 文化餐厅设计方案 1
The project of culture restaurant design
2004 环境艺术系 毕业作品展
2004 GRADUATED DESIGN EXHIBITION
指导教师：文增著 曹德利 姜民
孙博
1979年出生于辽宁锦州
2000年考入鲁迅美术学院环艺系
在校期间曾获得两次三等奖学金，同时在校期间参与设计了沈阳颐龙在天酒店，铁西广场壁画设计康氏医药保健品药店等工程。
李贺
1981年6月出生于吉林省长春市
2000年考入鲁迅美术学院环艺系学习至今
在校期间曾获校二、三等奖学金；优秀团员；学习标兵等多项荣誉称号。曾参与沈阳中信银行、东方证券大厦外立面改造工程。
现代禅意与商业空间表现
如果抛开宗教神话的外衣，回复它的真貌，其实只是明心见性的学问，而对于今日普遍忙碌的现代人，尤其需要将清醒一心的神志贯穿到住行座卧之间，吃饭亦是。现代禅的真意即是在此。
商业空间的设计除了手法的表现，更重要的是气氛的营造，以吸引消费者一再停留于空间。融合中国、地方与时代的气氛，空间的味道逐渐形成，营造园林风格的禅意空间。采用中国化的人文风格作为主要设计理念，使宾客在用餐时，亦能对中国的文化与文明有些许的留驻与回想。

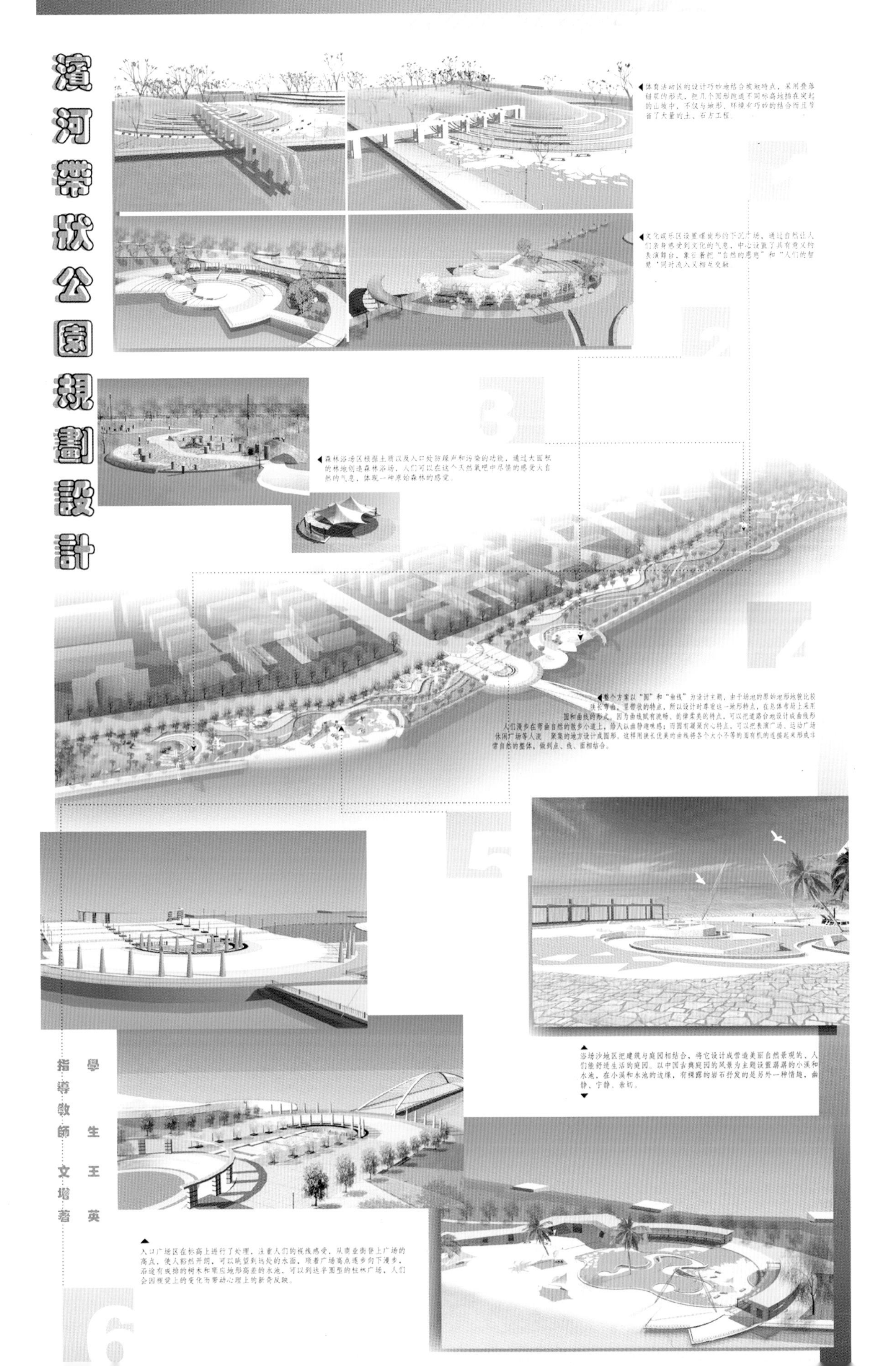
2004 GRADUATED DESIGN EXIHIBITION
2004 环境艺术系 毕业作品展
濱河帶狀公園規劃設計
体育活动区的设计巧妙地结合坡地特点，采用叠落错层的形式，把几个圆形跑道不同标高地插在突起的山坡中，不仅与地形、环境充巧妙的结合而且节省了大量的土、石方工程。
文化娱乐区设置螺旋形的下沉广场，通过自然让人们亲身感受到文化的气息，中心设置了具有意义的表演舞台，象征着把“自然的思想”和“人们的智慧”同时流入又相互交融。
森林浴场区根据土质以及入口处防躁声和污染的功能，通过大面积的林地创造森林浴场，人们可以在这个天然氧吧中尽情的感受大自然的气息，体现一种原始森林的感觉。
整个方案以“圆”和“曲线”为设计主题，由于场地的原始地形地貌比较狭长弯曲，呈带状的特点，所以设计时尊重这一地形特点，在总体布局上采用圆和曲线的形式。因为曲线赋有流畅、韵律柔美的特点，可以把道路台地设计成曲线形人们漫步在弯曲自然的散步小道上，给人以幽静趣味感；而圆有凝聚向心特点，可以把表演广场、运动广场休闲广场等人流 聚集的地方设计成圆形，这样用狭长优美的曲线将各个大小不等的圆有机的连接起来形成非常自然的整体，做到点、线、面相结合。
浴场沙地区把建筑与庭园相结合，将它设计成营造美丽自然景观的、人们能舒适生活的庭园。以中国古典庭园的风景为主题设置潺潺的小溪和水池，在小溪和水池的边缘，有裸露的岩石抒发的是另外一种情境，幽静、宁静、亲切。
學生 王英
指導教師 文增著
入口广场区在标高上进行了处理，注重人们的视线感受，从商业街登上广场的高点，使人豁然开朗，可以眺望到远处的水面，顺着广场高点逐步向下漫步，沿途有成排的树木和顺应地形高差的水池，可以到达半圆型的柱林广场，人们会因视觉上的变化而带动心理上的新奇反映。

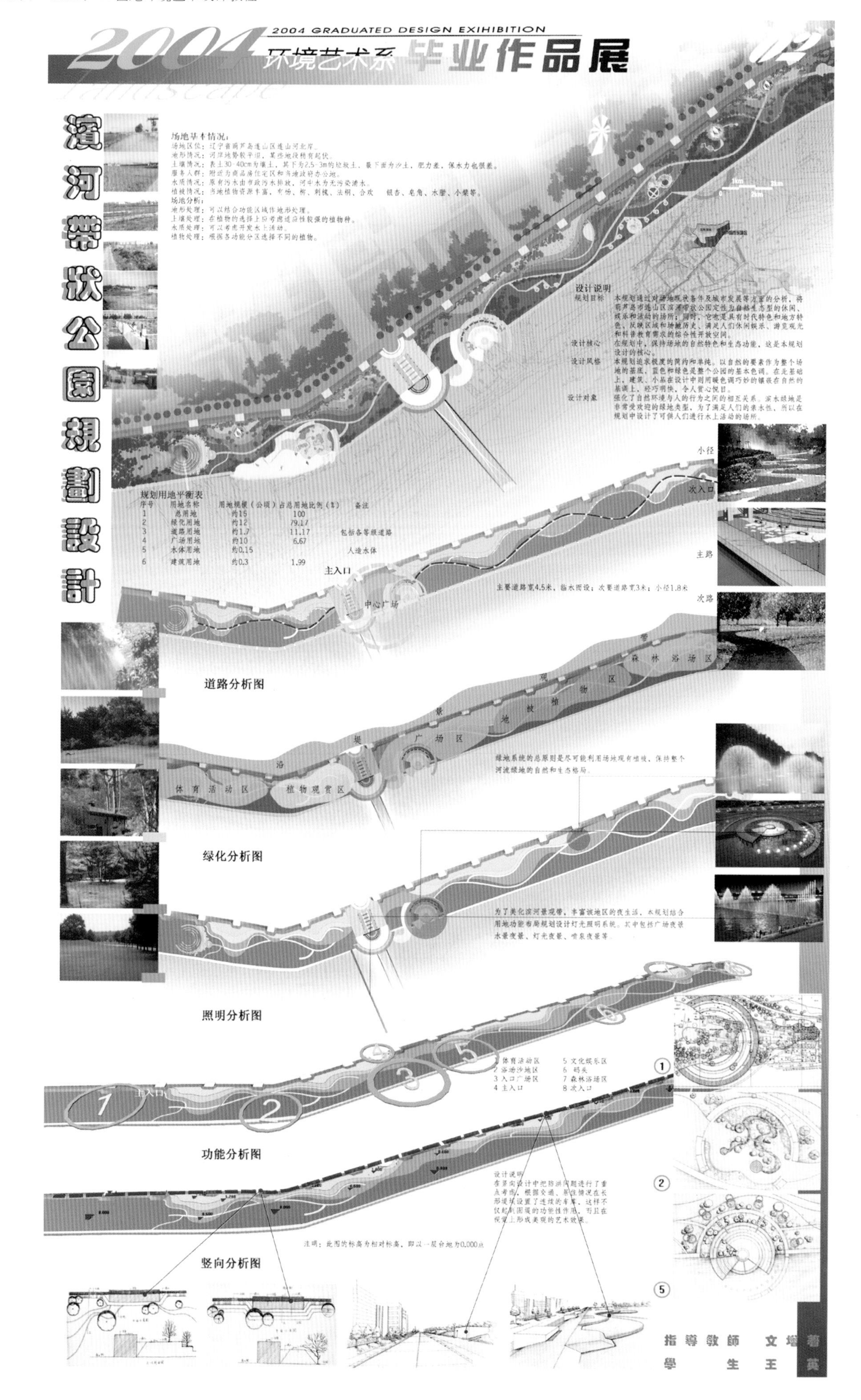
2004 GRADUATED DESIGN EXIHIBITION
2004 环境艺术系 毕业作品展
濱河帶狀公園規劃設計
场地基本情况：
场地区位：辽宁省葫芦岛连山区连山河北岸。
地形情况：河岸地势较平坦，某些地段稍有起伏。
土壤情况：表土30-40cm为壤土，其下为2.5-3m的垃圾土，最下面为沙土，肥力差，保水力也很差。
服务人群：附近为商品房住宅区和当地政府办公地。
水质情况：原有污水由市政污水排放，河中水为无污染清水。
植被情况：当地植物资源丰富，有杨、柳、刺槐、法桐、合欢 银杏、龟角、水蜡、小檗等。
场地分析：
地形处理：可以结合功能区域作地形处理。
土壤处理：在植物的选择上应考虑适应性较强的植物种。
水质处理：可以考虑开发水上活动。
植物处理：根据各功能分区选择不同的植物。
设计说明
规划目标 本规划通过对场地现状条件及城市发展等方面的分析，将葫芦岛市连山区滨河带状公园定性为自然生态型的休闲、娱乐和活动的场所；同时，它也是具有时代特色和地方特色、反映区域和场地历史、满足人们休闲娱乐、游览观光和科普教育需求的综合性开放空间。
设计核心 在规划中，保持场地的自然特色和生态功能，这是本规划设计的核心。
设计风格 本规划追求极度的简约和单纯。以自然的要素作为整个场地的基底，蓝色和绿色是整个公园的基本色调。在此基础上，建筑、小品在设计中则用暖色调巧妙的镶嵌在自然的基调上，轻巧明快，令人赏心悦目。
设计对象 强化了自然环境与人的行为之间的相互关系。滨水绿地是非常受欢迎的绿地类型，为了满足人们的亲水性，所以在规划中设计了可供人们进行水上活动的场所。
规划用地平衡表
序号 用地名称 用地规模（公顷） 占总用地比例（%） 备注
1 总用地 约15 100
2 绿化用地 约12 79.17
3 道路用地 约1.7 11.17 包括各等级道路
4 广场用地 约10 6.67
5 水体用地 约0.15 人造水体
6 建筑用地 约0.3 1.99
小径
次入口
主路
次路
主入口
中心广场
主要道路宽4.5米，临水而设；次要道路宽3米；小径1.8米
道路分析图
森林浴场区
滨水景观带
地被植物区
广场区
体育活动区
植物观赏区
绿地系统的总原则是尽可能利用场地现有植被，保持整个河流绿地的自然和生态格局。
绿化分析图
为了美化滨河景观带，丰富该地区的夜生活，本规划结合用地功能布局规划设计灯光照明系统。其中包括广场夜景 水景夜景、灯光夜景、喷泉夜景等。
照明分析图
1 体育活动区
2 浴场沙地区
3 入口广场区
4 主入口
5 文化娱乐区
6 码头
7 森林浴场区
8 次入口
功能分析图
设计说明
在竖向设计中把防洪问题进行了重点考虑。根据交通、居住情况在长形堤坝设置了连续的车库，这样不仅起到围堰的功能性作用，而且在视觉上形成美观的艺术效果。
注明：此图的标高为相对标高，即以一层台地为0.000点
竖向分析图
指導敎師
學生 王

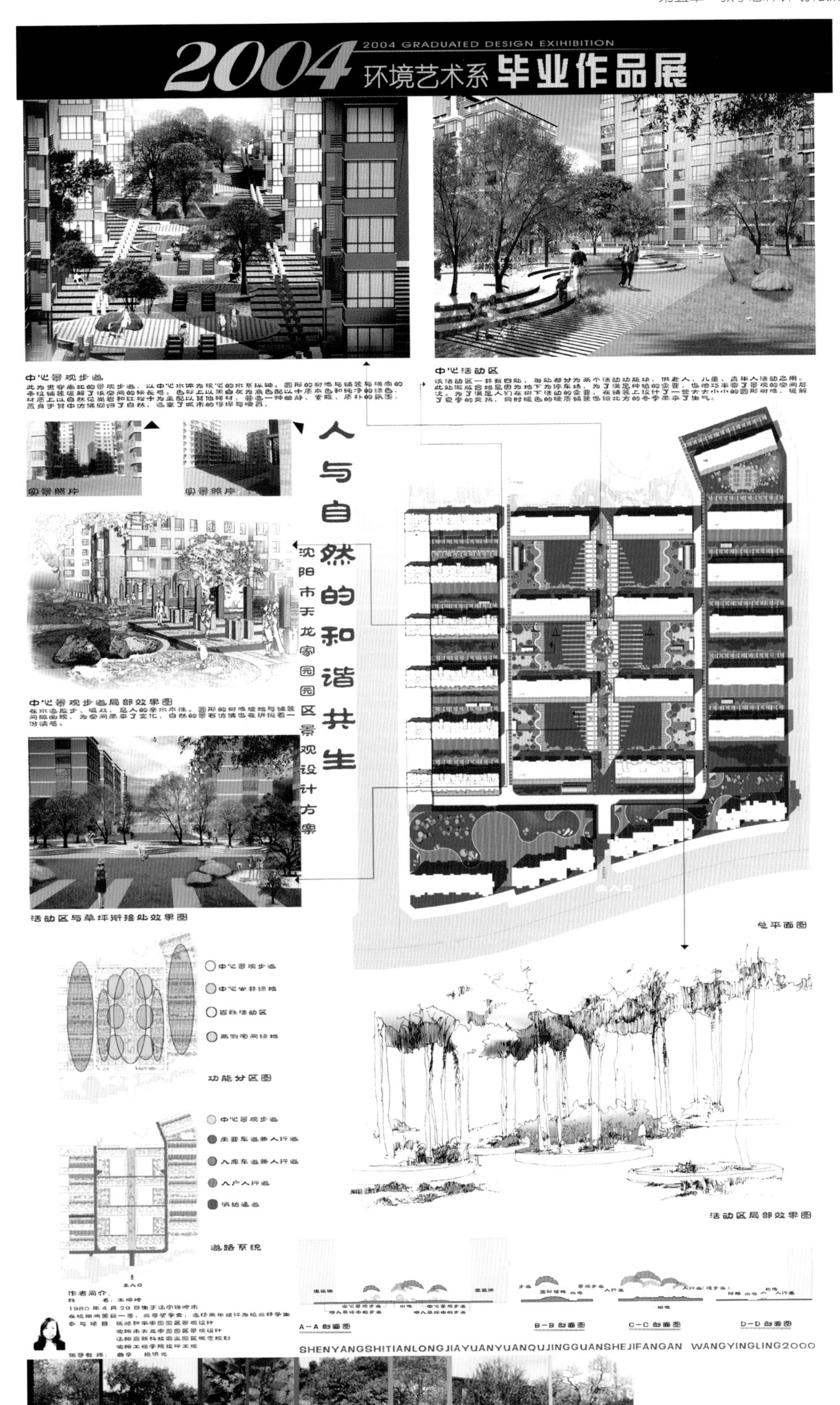
2004 GRADUATED DESIGN EXIHIBITION
2004 环境艺术系 毕业作品展
中心景观步道
中心活动区
实景照片
实景照片
人与自然的和谐共生
沈阳市天龙家园园区景观设计方案
中心景观步道局部效果图
活动区与草坪衔接处效果图
总平面图
功能分区图
道路系统
主入口
活动区局部效果图
A－A 剖面图
B－B 剖面图
C－C 剖面图
D－D 剖面图
SHENYANGSHITIANLONGJIAYUANYUANQUJINGGUANSHEJIFANGAN WANGYINGLING2000
作者简介：
1980 年 4 月 29 日生于辽宁铁岭市
指导教师：

2004 GRADUATED DESIGN EXHIBITION

2004 环境艺术系 毕业作品展

本溪太子河畔民族教育广场设计方案
壹
设计说明：
本设计是本溪太子河畔的一个休闲广场的设计方案地形平坦，北面为山，南面临水是风水极好的地形，而且本溪经济中心将要东移，而这个广场恰恰就位于此，广场的发展前景是非常好的。人们是需要一个开场的地方去交流和放松。
本广场设计是体现一种让教育融在广场的景观设计之中，让大人和儿童在欣赏景观同时，不知不觉的了解中国的历史，激起人们的民族意识。
广场的平面造型是依据中国的“天圆地方”“铜钱”而来。广场大体分成两大部分，前部为中国传统风格，后部为现代风格，隐含中国的发展状态已由封闭自守的状态走到了开放自由的状态。
本广场的景观设计都是宣扬一种中国的国魂，让人们对中国的历史有更深的了解，以激起一种爱国热情。人类创造着景观精神，景观的文化内涵又会反作用于人类。
基地实景
A 入口广场
B 水中孤岛
C 中国历史展厅
D 美术馆
E 大型迷宫
F 儿童沙滩游戏场
G 内城雕塑
H 叠水墙
I 现代科技馆
J 膜结构亭子
K 秦始皇登基壁画
L 停车场
M 大型游泳馆
N 健身及咖啡厅
O 河道边休闲区
P 船舫
Q 林荫广场
R 河畔广场建筑
设计中把中国古代的元素和符号恰当的融入环境设计中去，创造的是具有中国本国民族特征和习惯的事物。当然不要盲目装大也要懂得吸收国外的先进的思想和技术，如果有让自己强大的捷径，就要认同和开发，不要象古人那样守旧，要善于发现生活的细节，要善于开发达到目标的捷径。
学习知识的年轻人是祖国未来的希望，也是我们每个人的未来希望，所以青年人的教育是最重要的，教育广场正是把说教转化为娱乐的好思维，有很好的发展前景。

民族教育广场设计

指导教师：马克辛

闫雯宁　　2004年毕业于鲁迅美术学院环境艺术设计系

2004 GRADUATED DESIGN EXHIBITION

2004 环境艺术系 毕业作品展

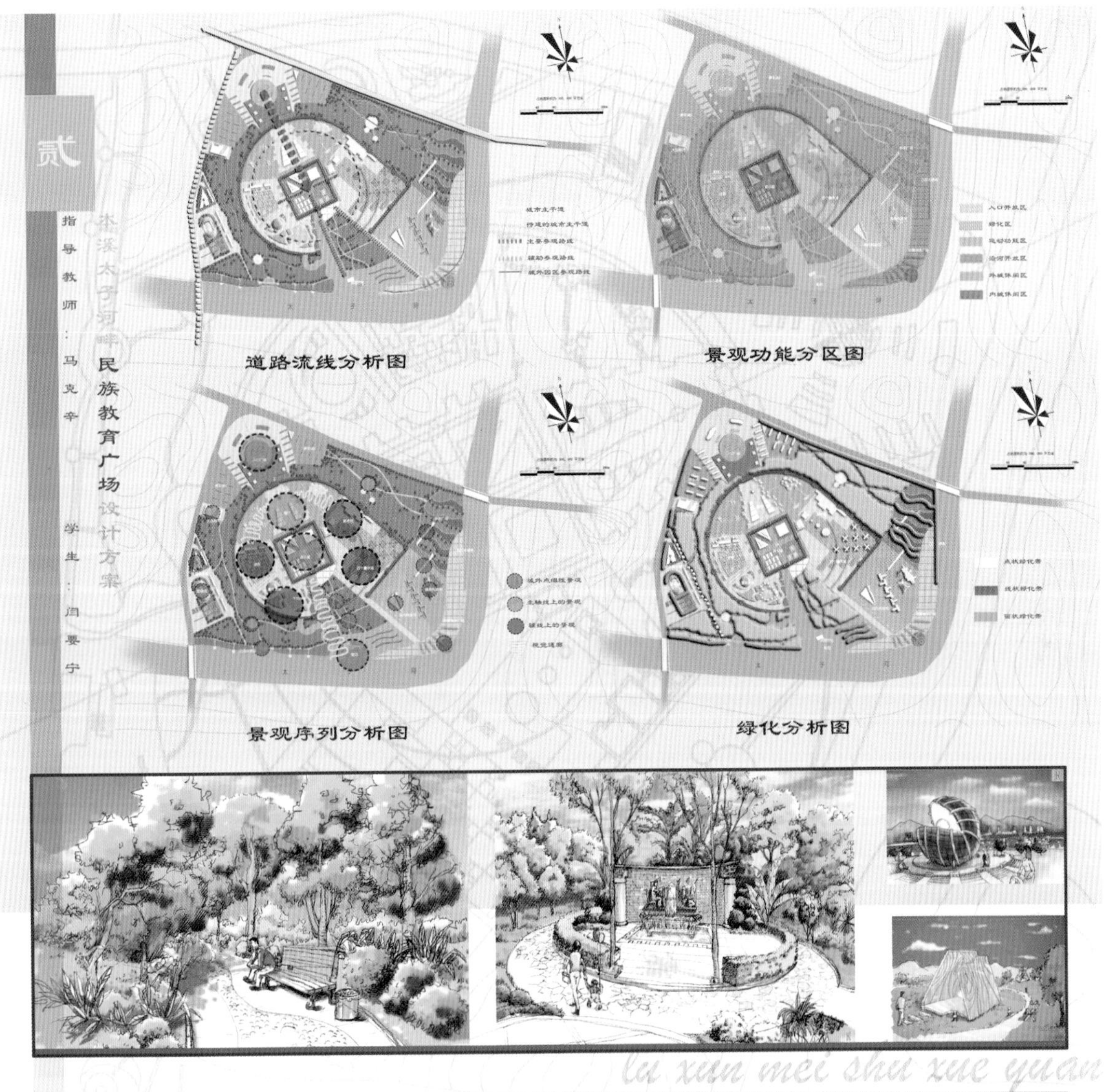

lu xun mei shu xue yuan

lu xun mei shu xue yuan

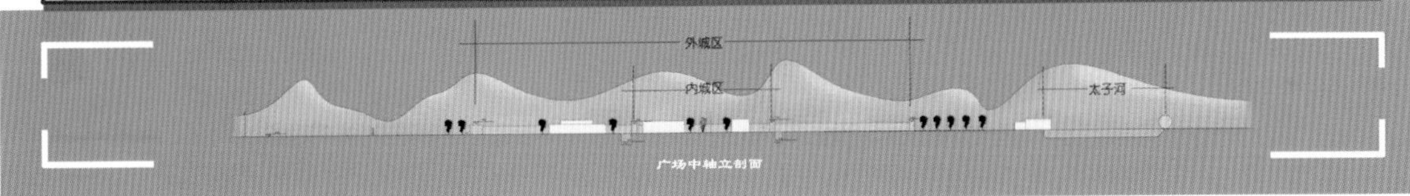

ENVIRONMENTAL DESIGN

第五周完成稿

ENVIRONMENTAL DESIGN

第五周完成稿

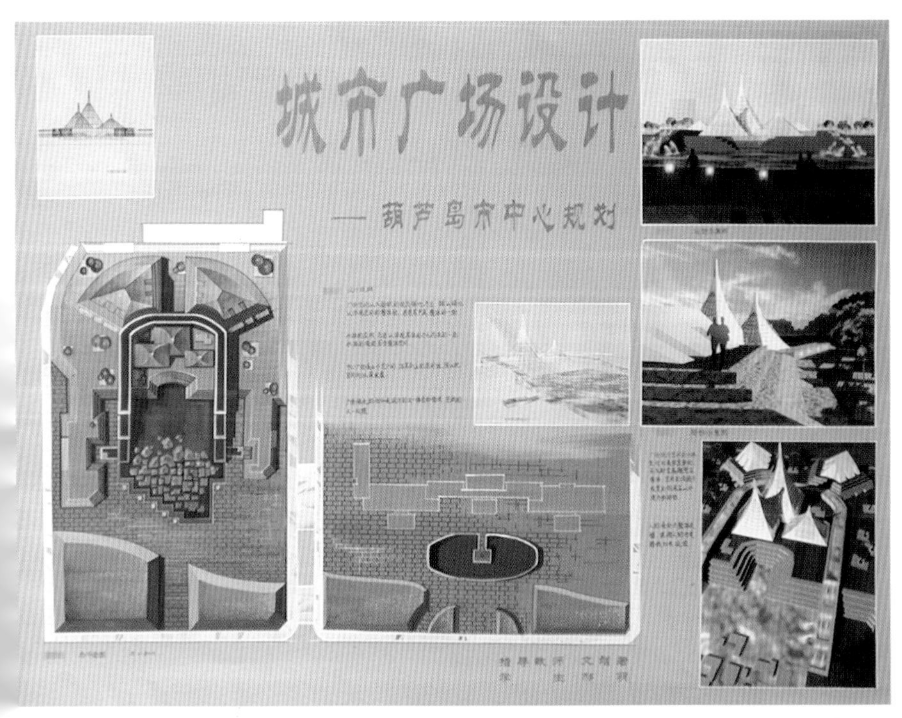

将广场高低分为两部分，结合水体及台地的处理，令空间层次更丰富

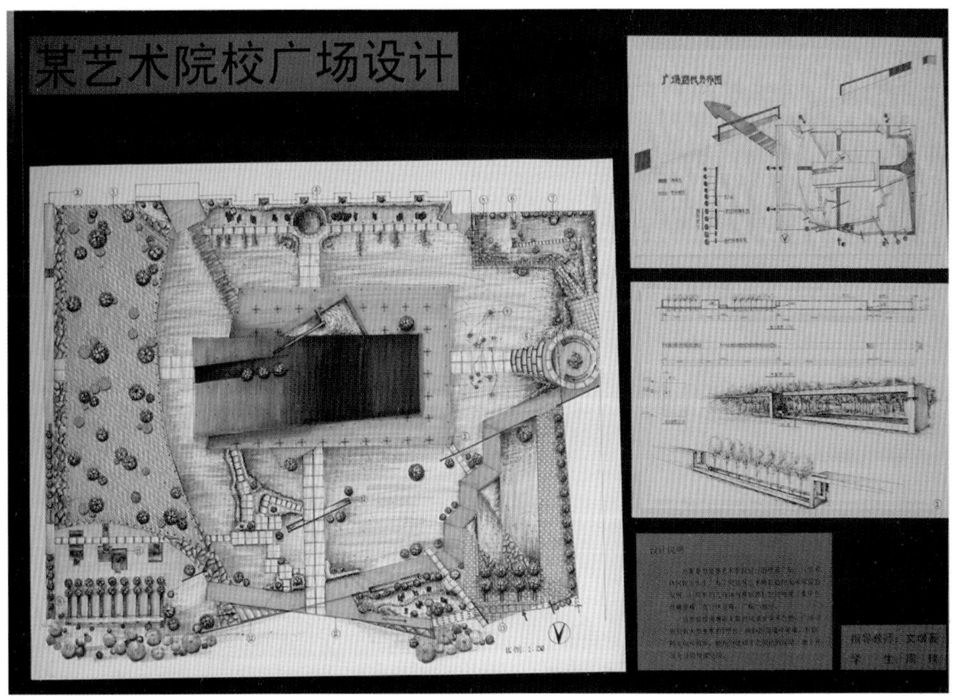

自由、休闲、浪漫，充满幻想是这两位同学的作业的共同特点

某艺术院校广场设计方案

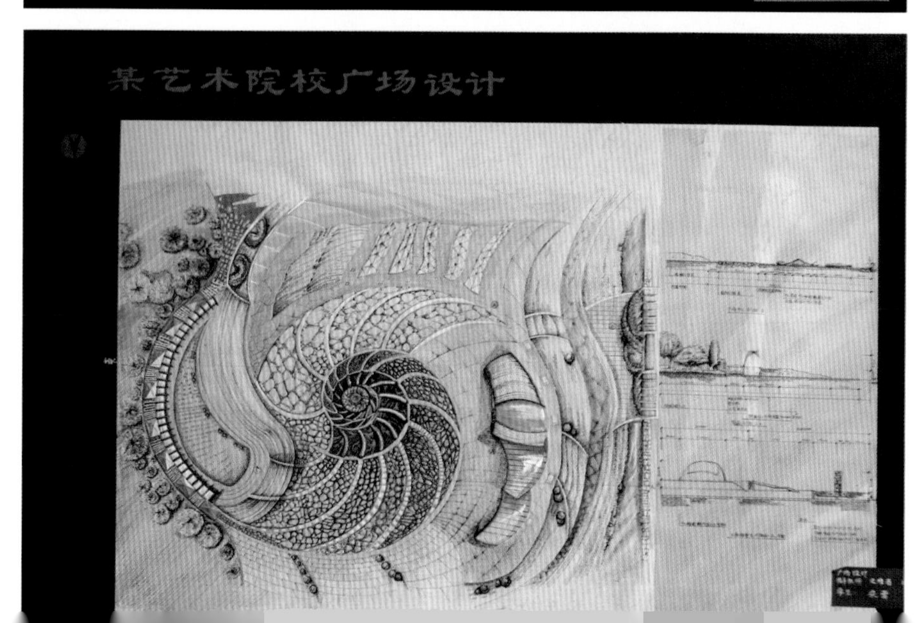

ENVIRONMENTAL DESIGN

广场元素小品

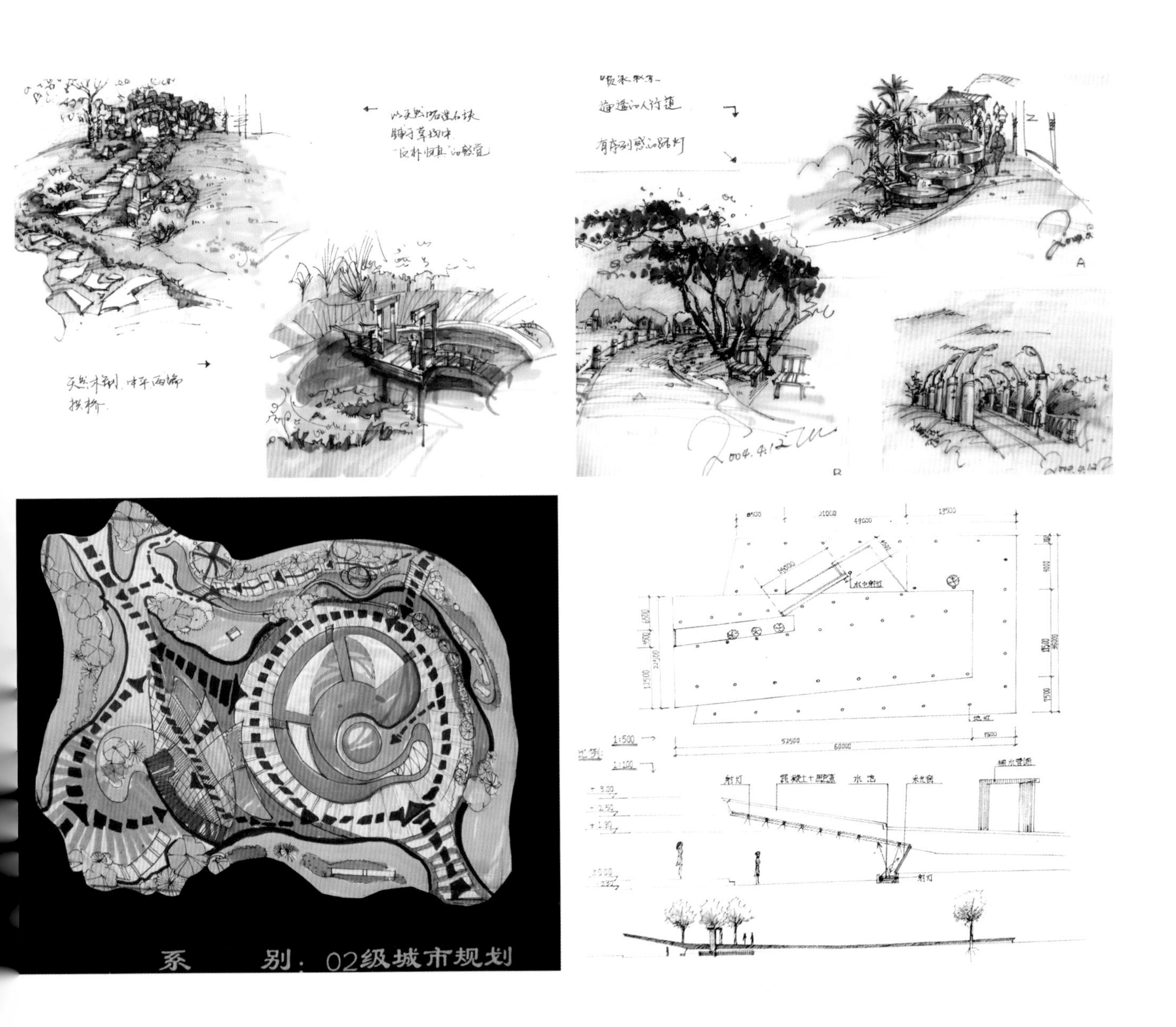

ENVIRONMENTAL DESIGN

广场元素小品

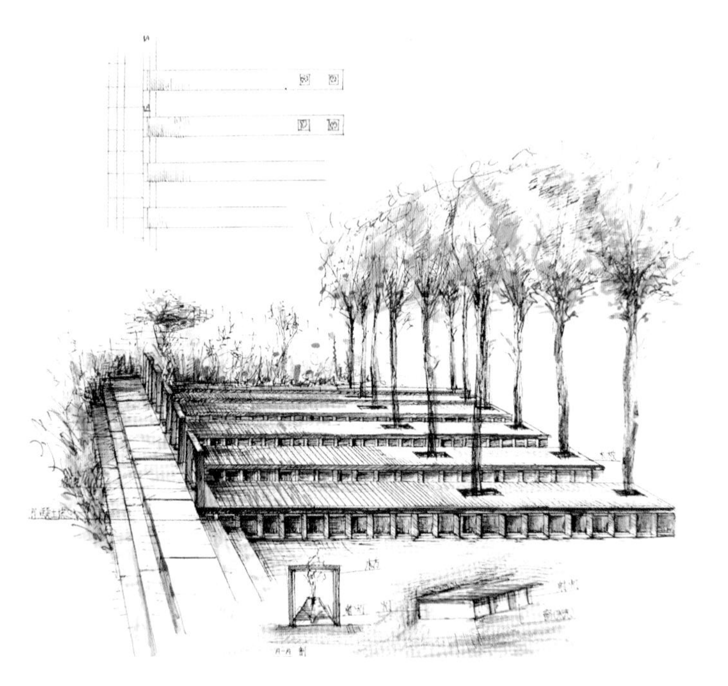

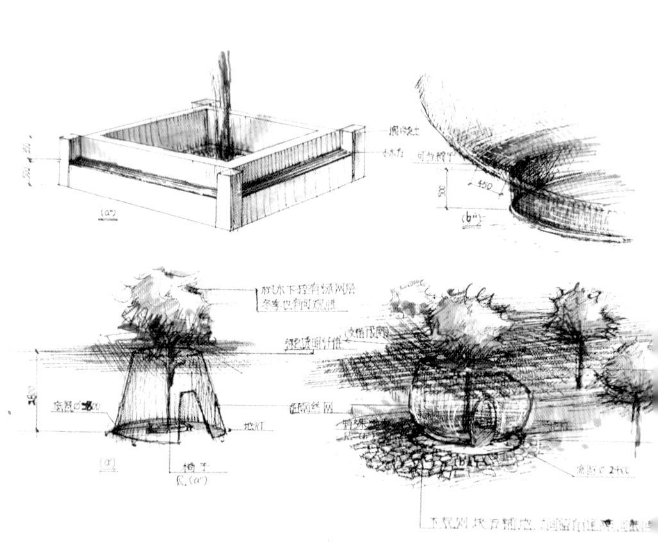

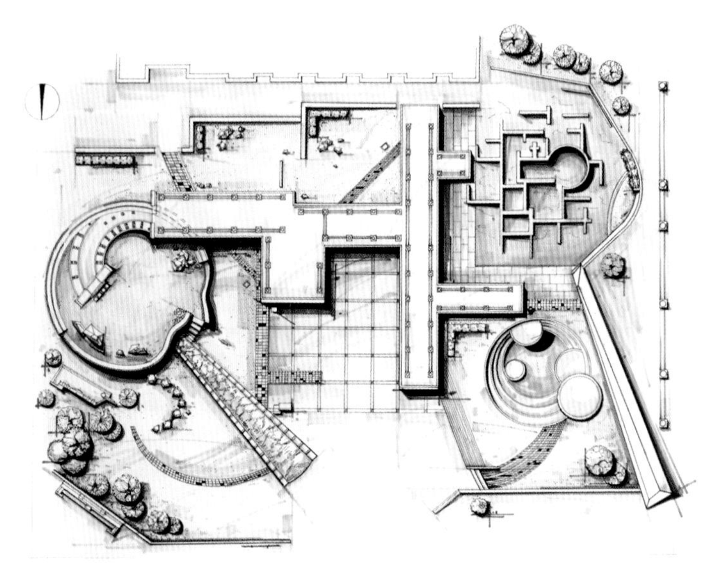

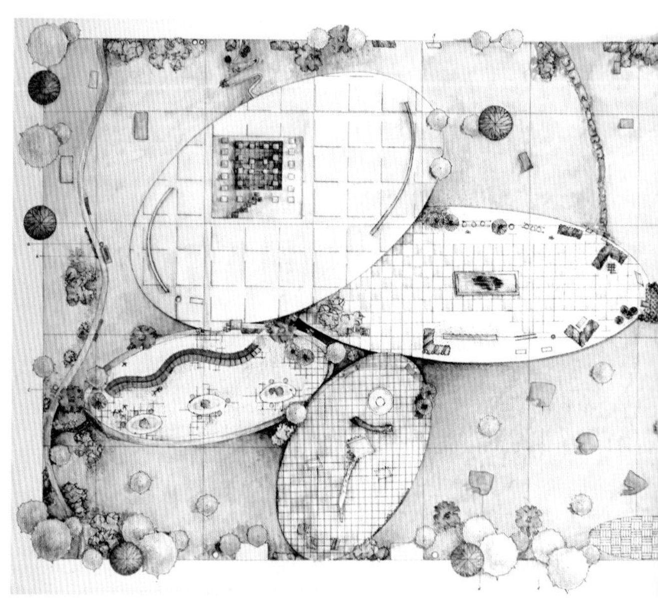

ENVIRONMENTAL DESIGN

广场元素小品

ENVIRONMENTAL DESIGN

广场元素小品

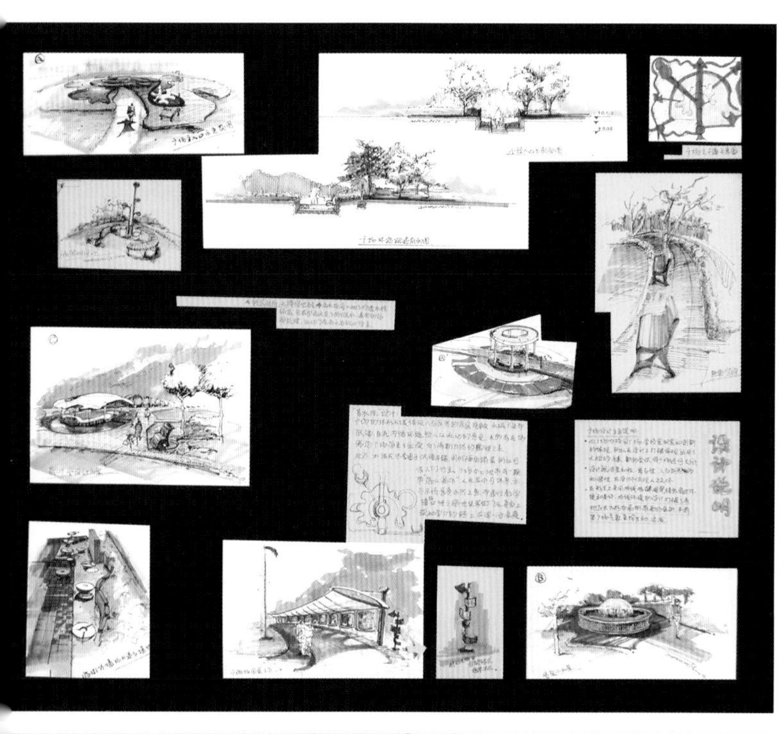

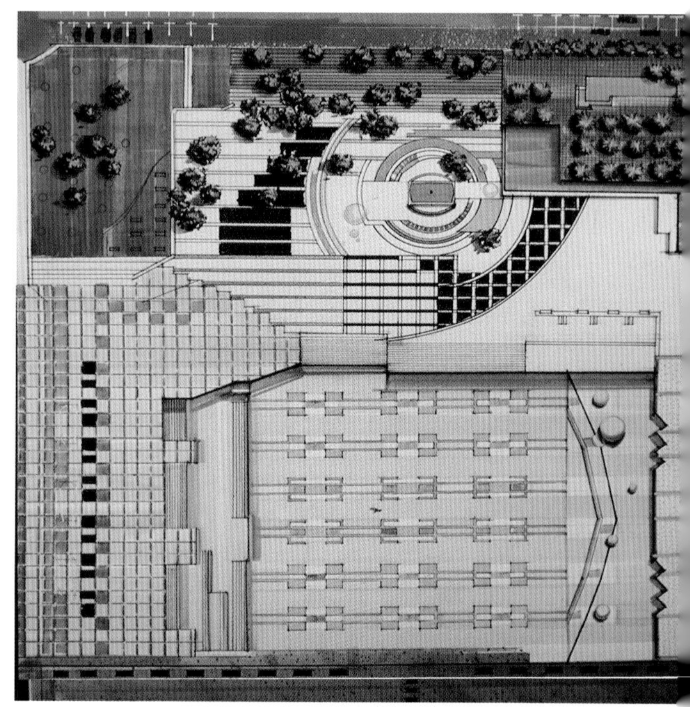

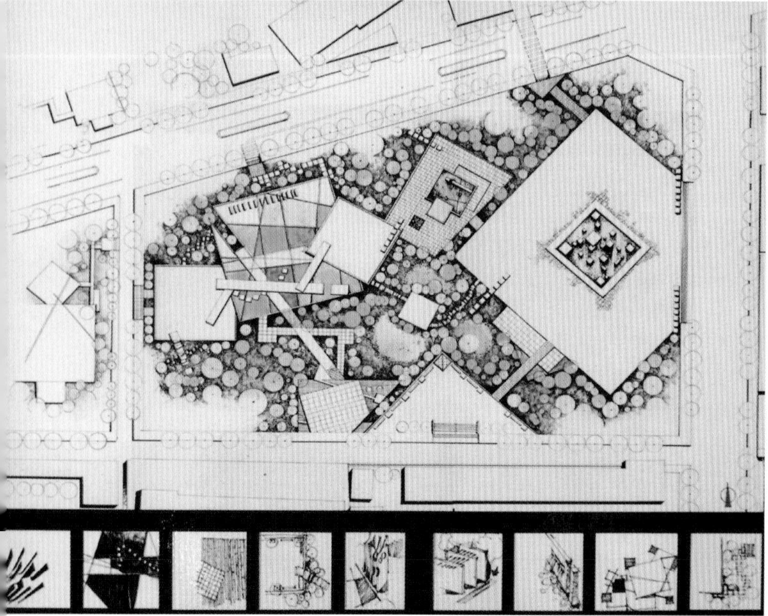

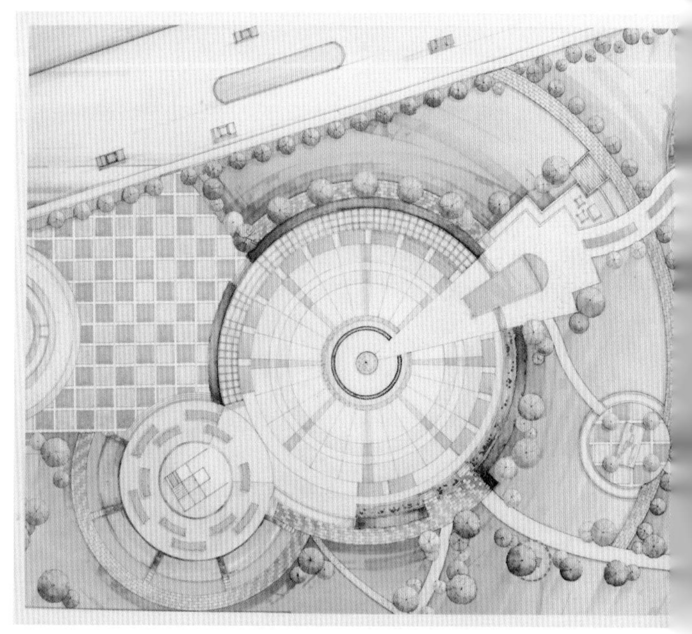

ENVIRONMENTAL DESIGN

广场元素小品

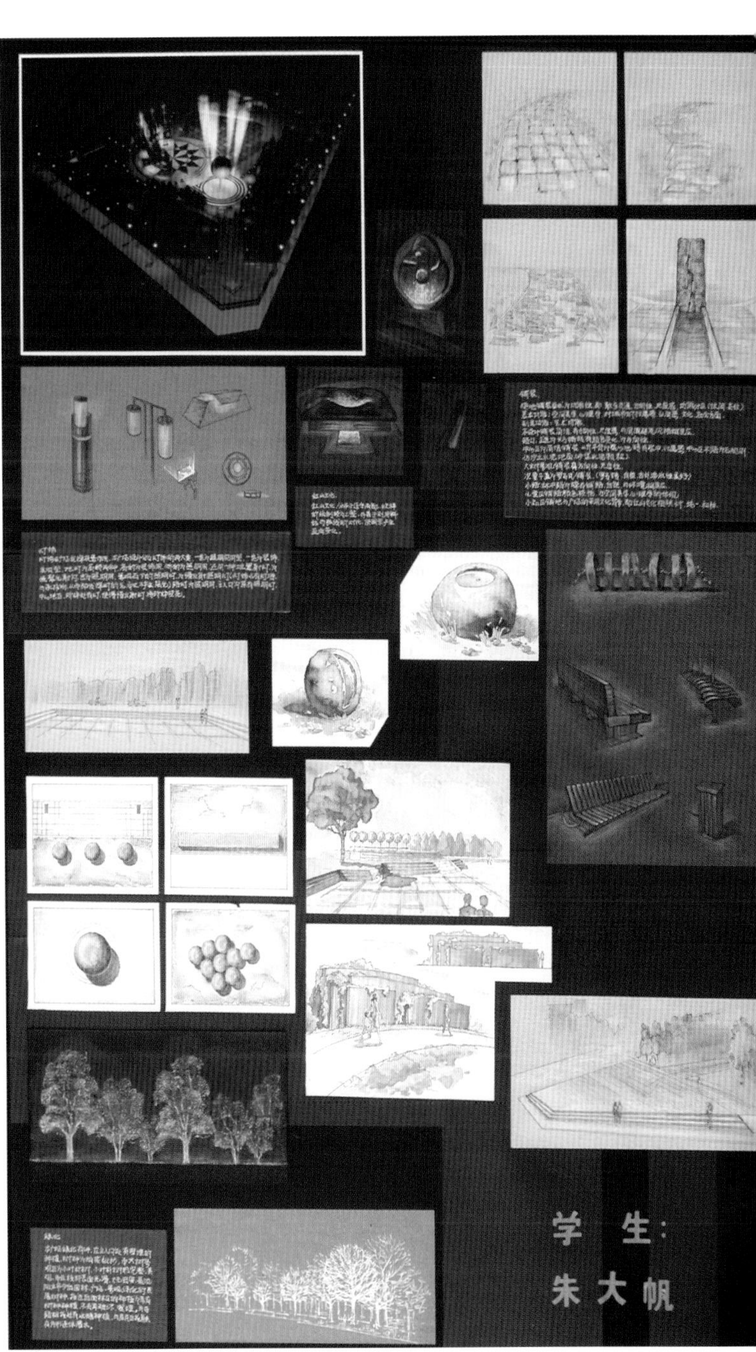

ENVIRONMENTAL DESIGN

广场元素小品

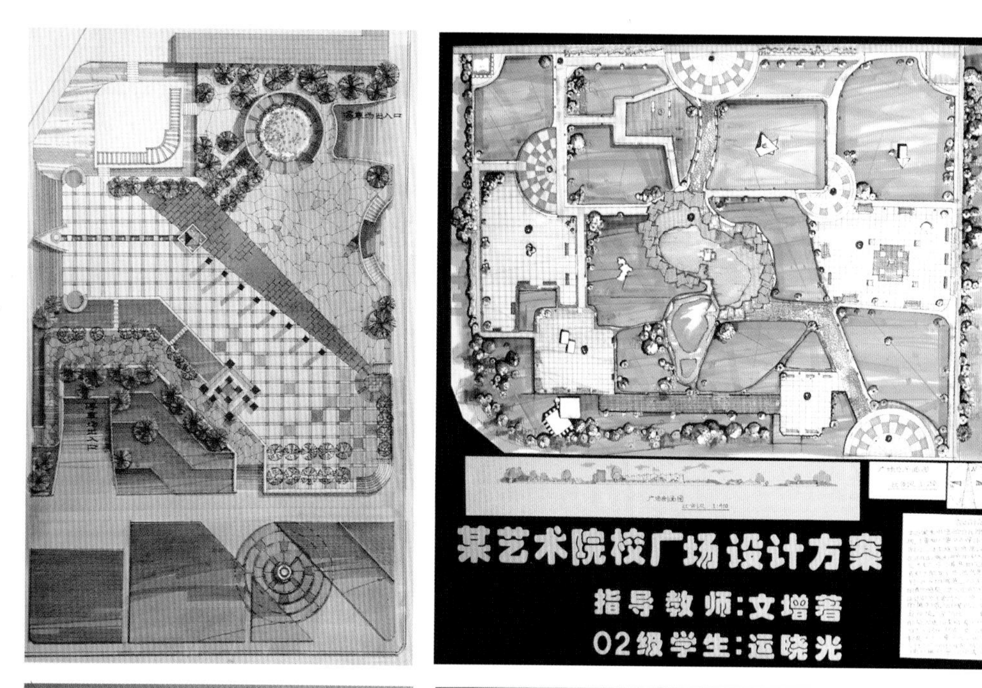

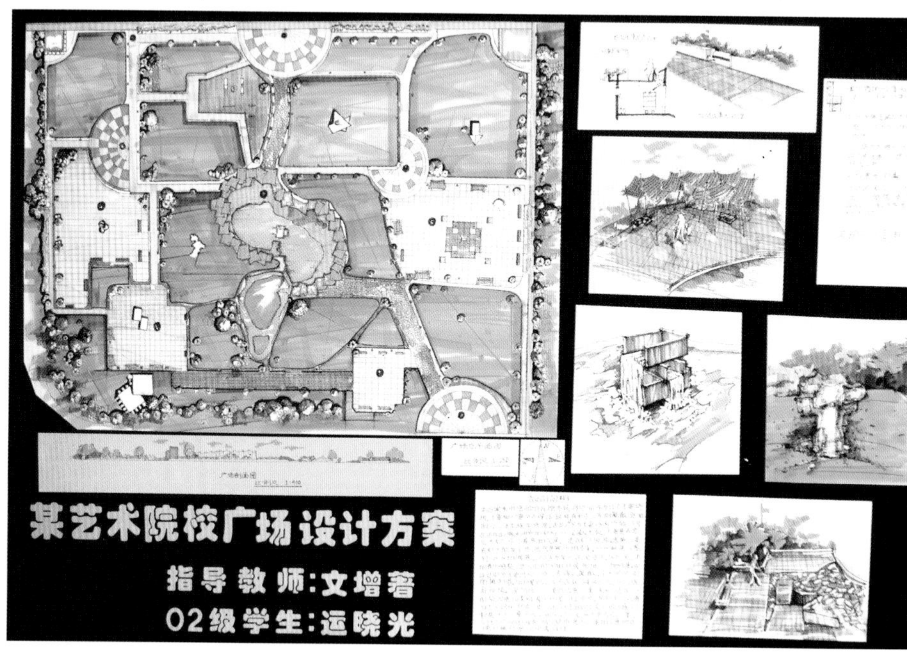

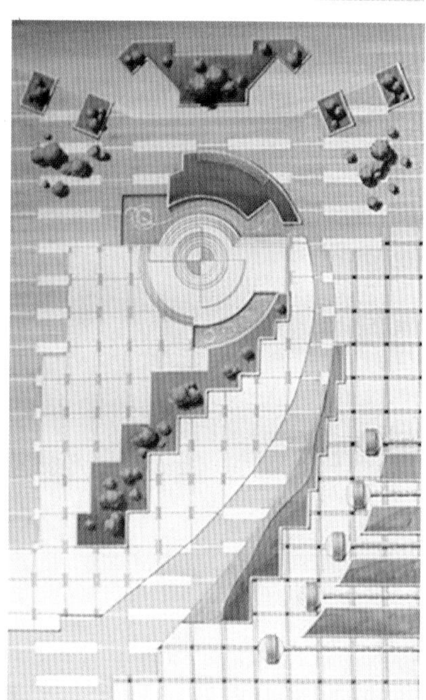

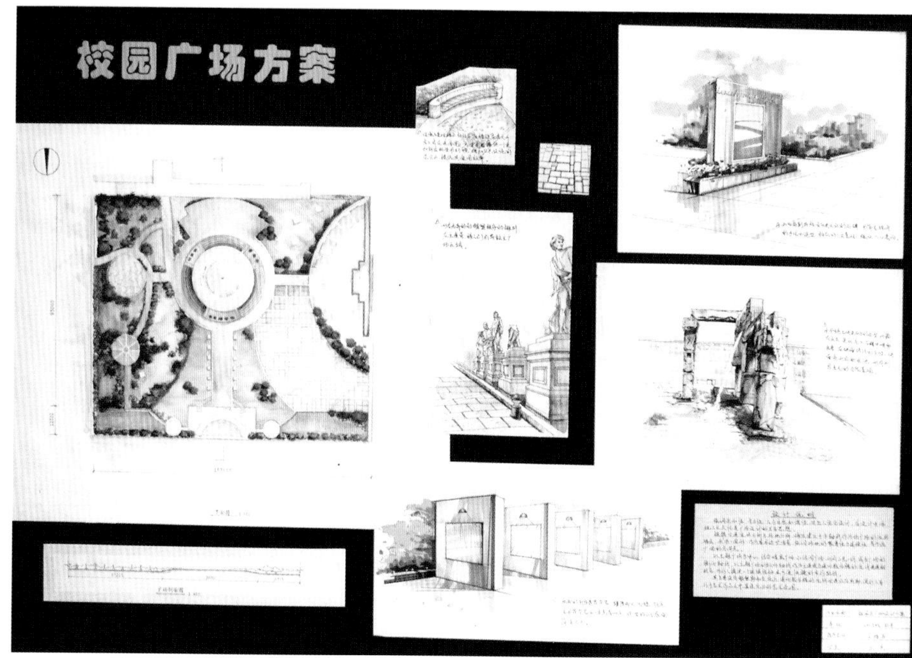

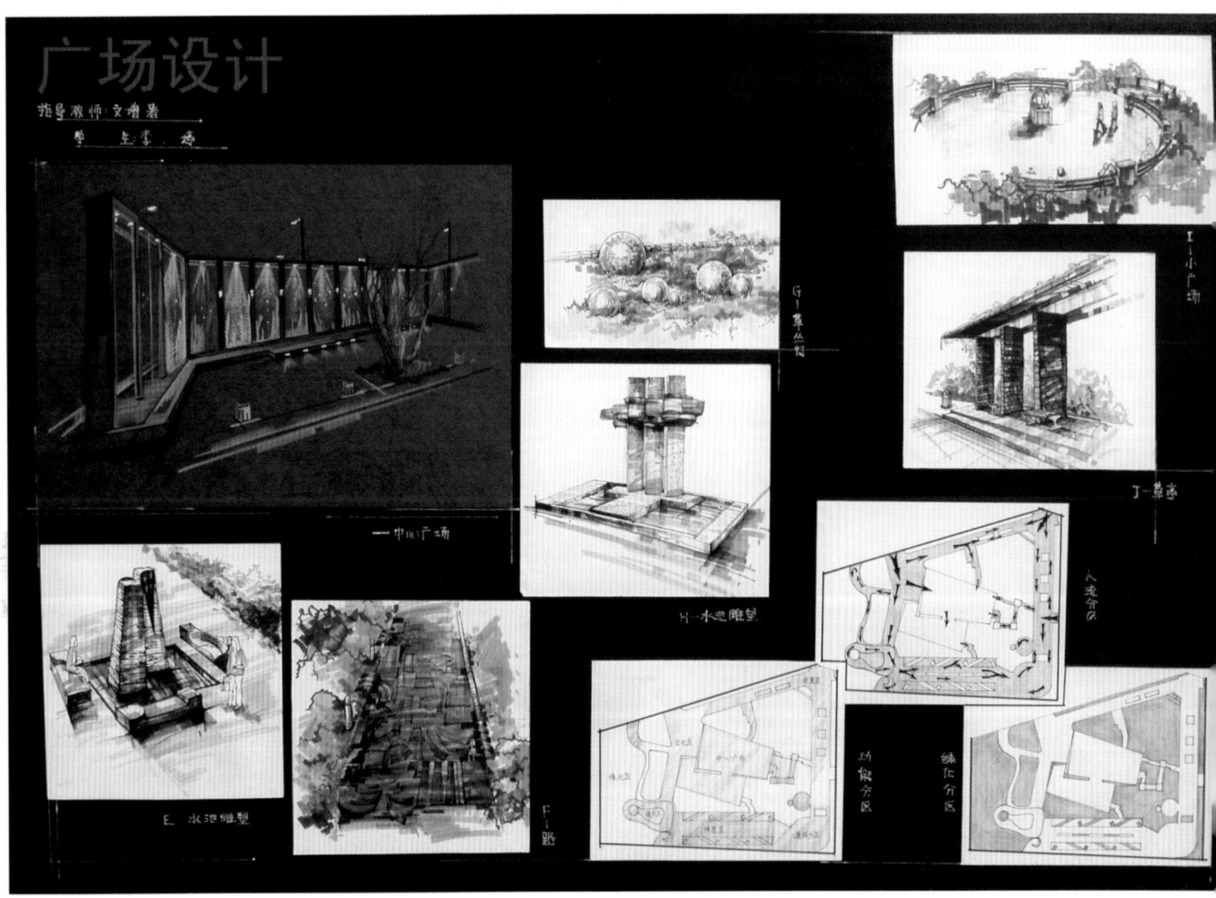
广场设计
指导教师:文增著
学 生:李 涛
—中心广场
I—小广场
J—草亭
H—水池雕塑
E. 水池雕塑
F—路
功能分区
绿化分区

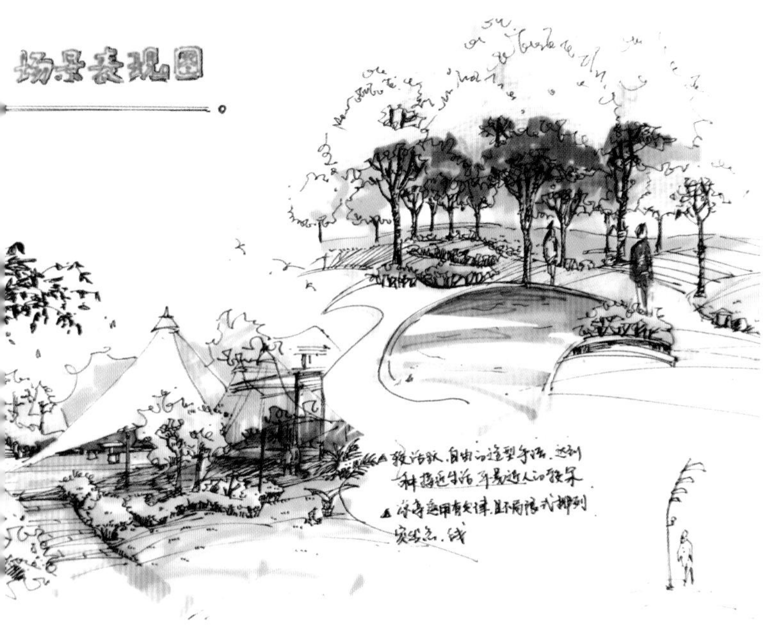
场景表现图

教师 文增柱
生王 宇

辅路口
休闲广场
分广场
中心广场
分广场
休闲长廊
主路口

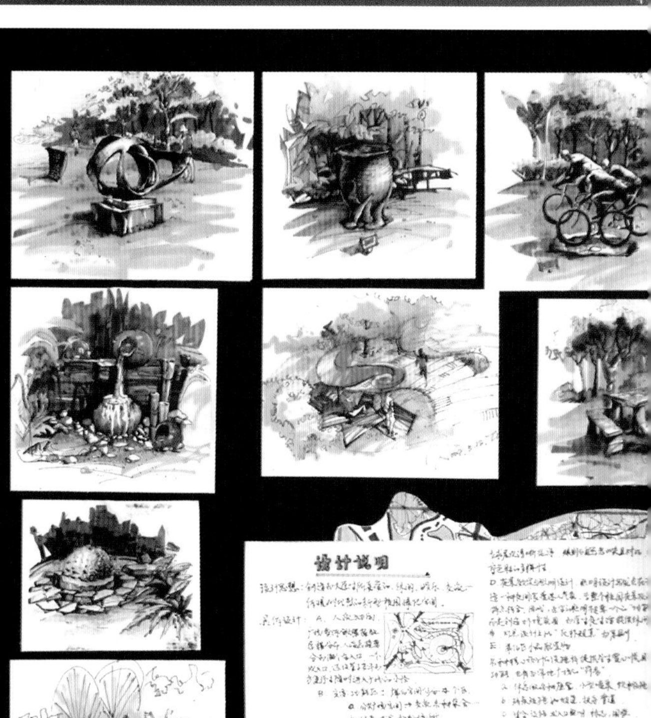
设计说明
某学校广场设计方案
系 别：02级
指导教师：文增
学 生：庄露

ENVIRONMENTAL DESIGN

广场元素小品

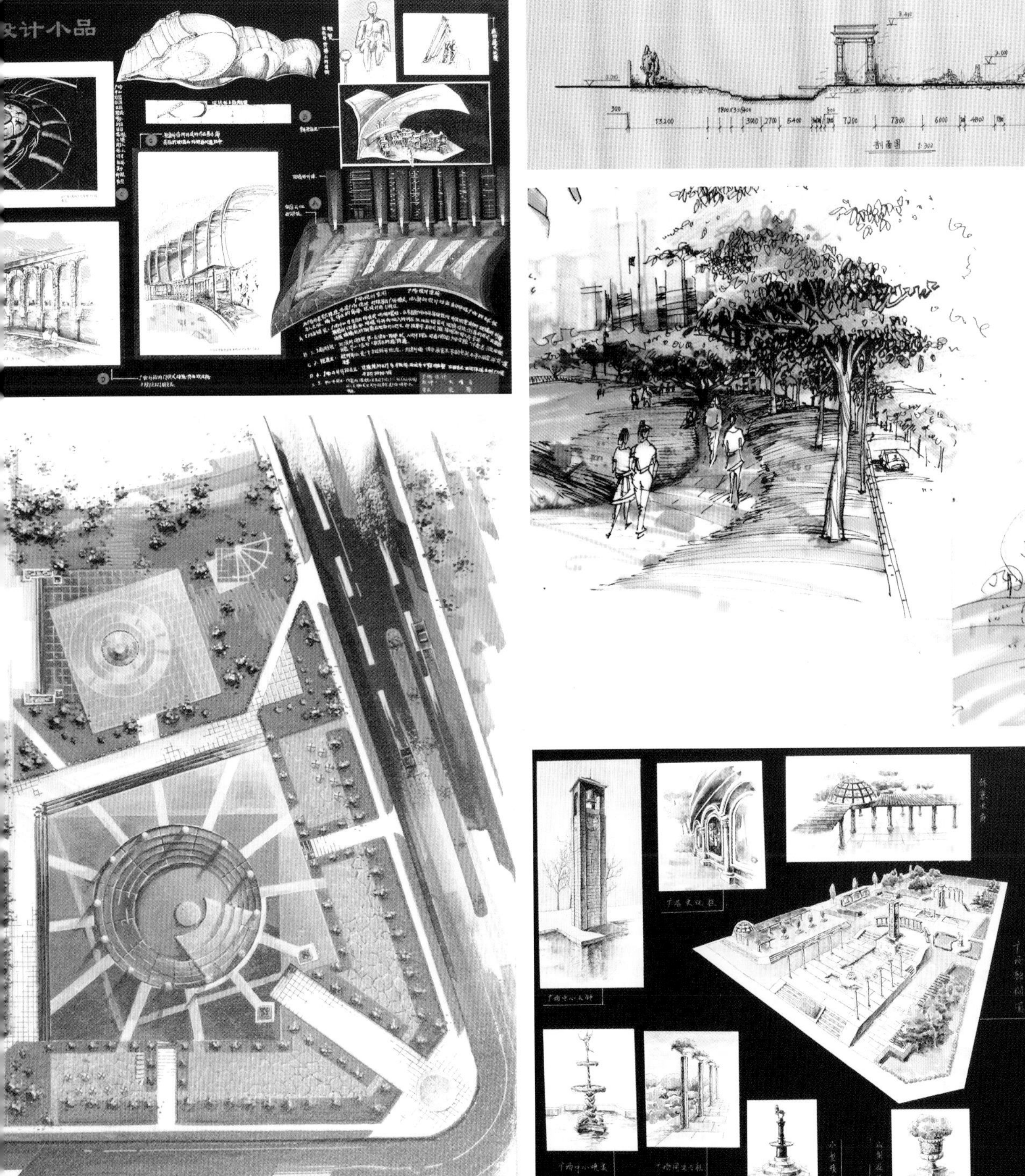

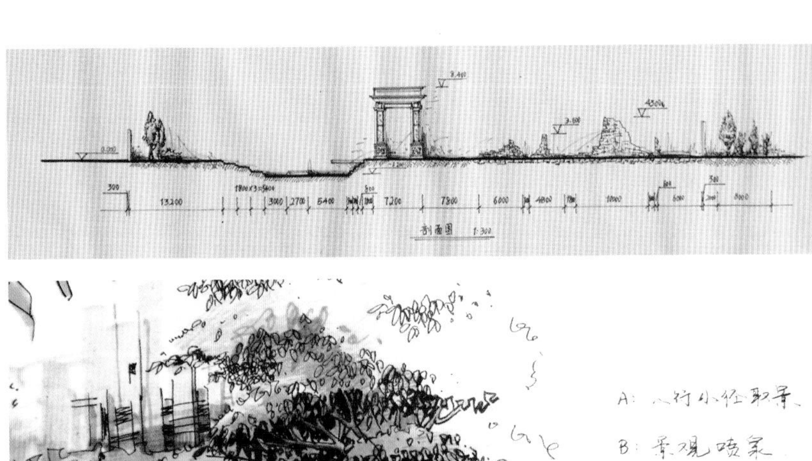

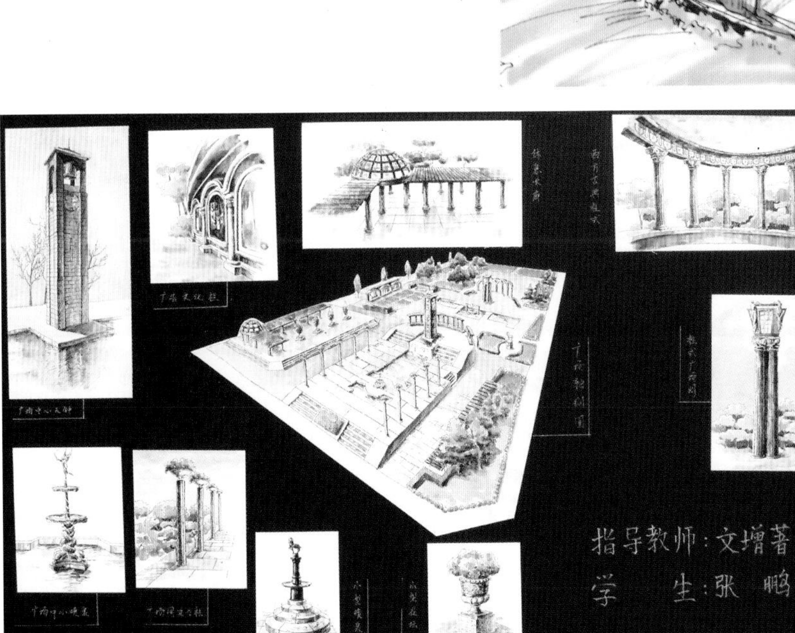

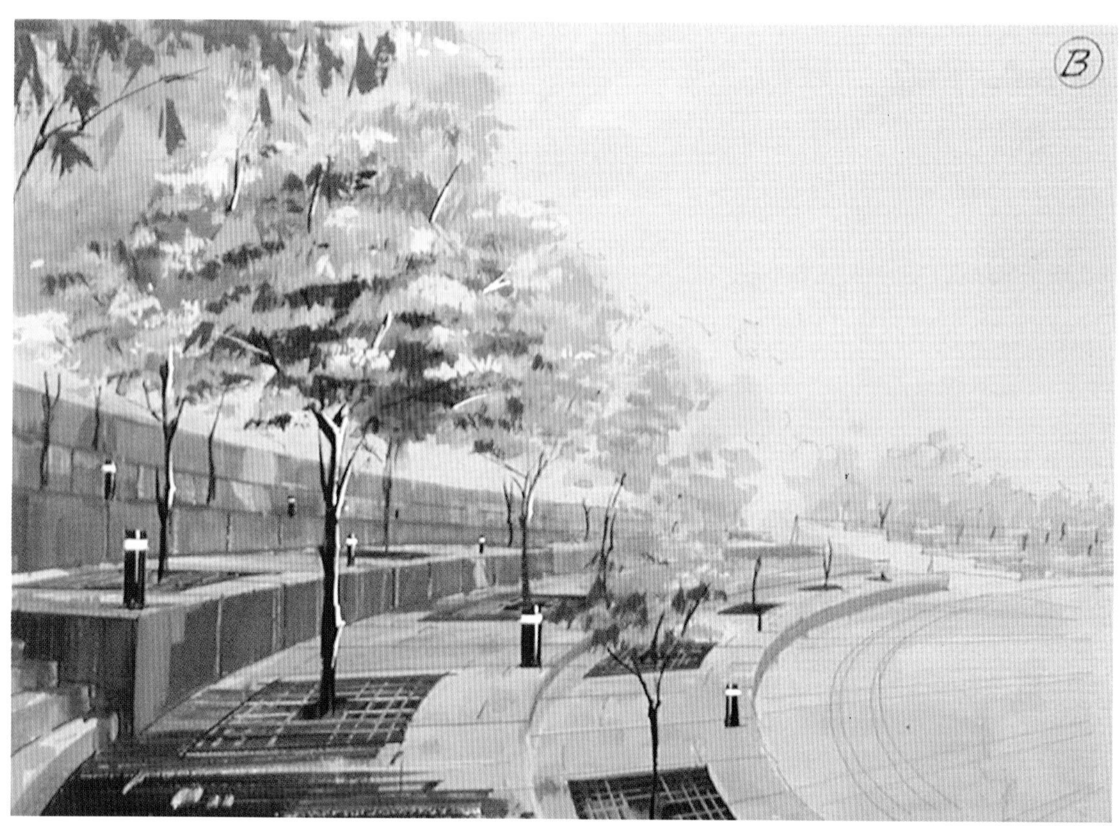
B

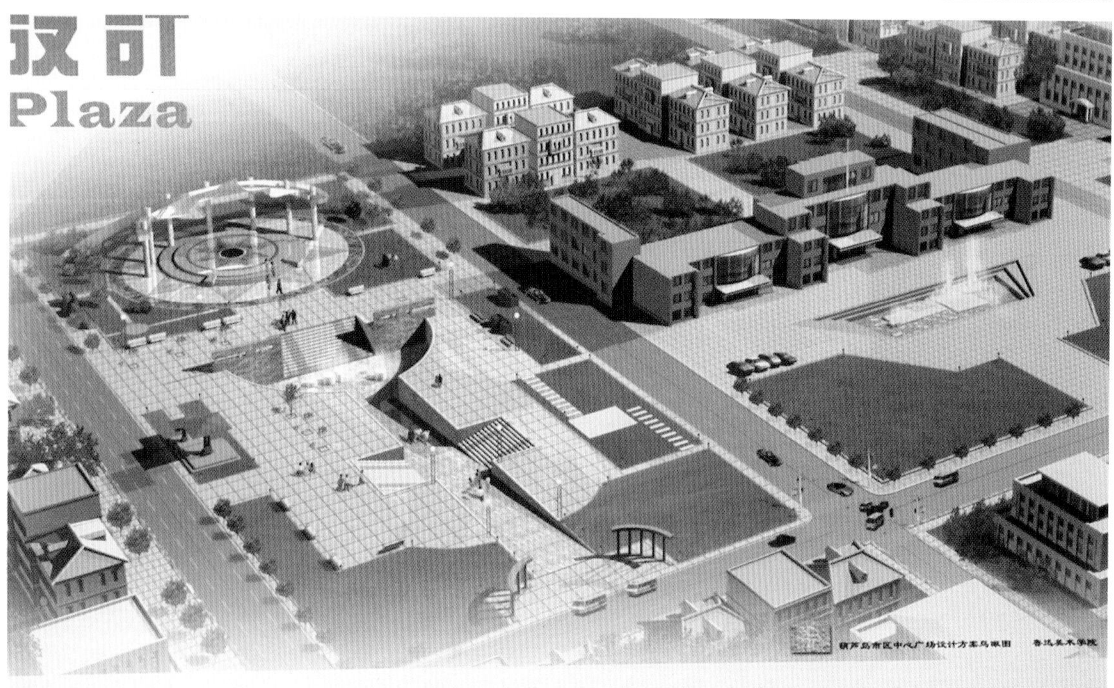
Plaza
葫芦岛市区中心广场设计方案鸟瞰图
鲁迅美术学院

第六章

城市广场设计实例参考

本章要点

- 展示世界优秀城市广场
- 点评优秀广场设计
- 借鉴与学习

ENVIRONMENTAL DESIGN

城市广场设计实例参考

ENVIRONMENTAL DESIGN

城市广场设计实例参考

ENVIRONMENTAL DESIGN

城市广场设计实例参考

HOTEL BRISTOL

ENVIRONMENTAL DESIGN

城市广场设计实例参考

ENVIRONMENTAL DESIGN

城市广场设计实例参考

ENVIRONMENTAL DESIGN

城市广场设计实例参考

ENVIRONMENTAL DESIGN

城市广场设计实例参考

ENVIRONMENTAL DESIGN

城市广场设计实例参考

ENVIRONMENTAL DESIGN

城市广场设计实例参考

ENVIRONMENTAL DESIGN

城市广场设计实例参考

ENVIRONMENTAL DESIGN

城市广场设计实例参考

ENVIRONMENTAL DESIGN

城市广场设计实例参考

ENVIRONMENTAL DESIGN

城市广场设计实例参考

ENVIRONMENTAL DESIGN

城市广场设计实例参考

ENVIRONMENTAL DESIGN

城市广场设计实例参考

ENVIRONMENTAL DESIGN

城市广场设计实例参考

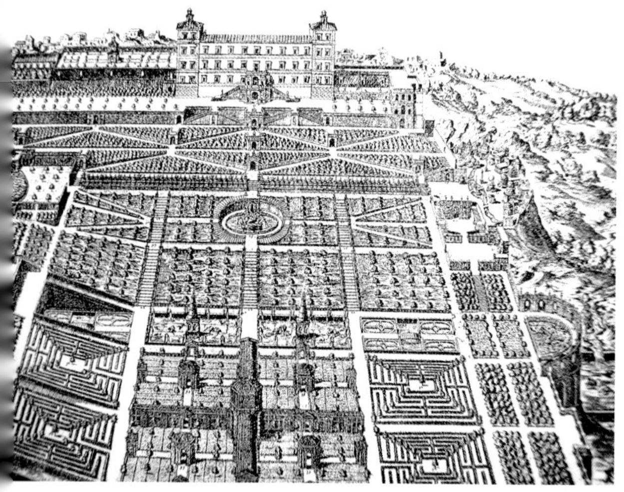

ENVIRONMENTAL DESIGN

城市广场设计实例参考

ST HELENS

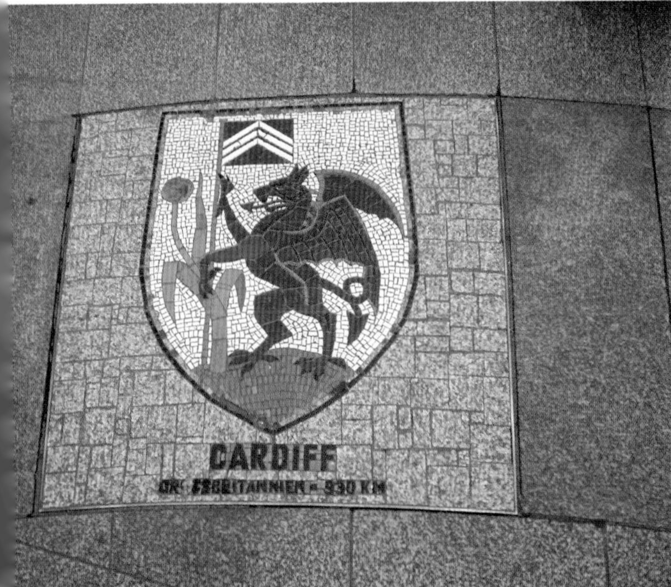

广场铺地图案及井盖的装饰处理

ENVIRONMENTAL DESIGN

地面铺装

ENVIRONMENTAL DESIGN

地面铺装

ENVIRONMENTAL DESIGN

地面铺装

ENVIRONMENTAL DESIGN

地面铺装

ENVIRONMENTAL DESIGN

雕塑与座椅

ENVIRONMENTAL DESIGN

雕塑与座椅

ENVIRONMENTAL DESIGN

雕塑与座椅

ENVIRONMENTAL DESIGN

雕塑与座椅

ENVIRONMENTAL DESIGN

雕塑与座椅

ENVIRONMENTAL DESIGN

雕塑与座椅

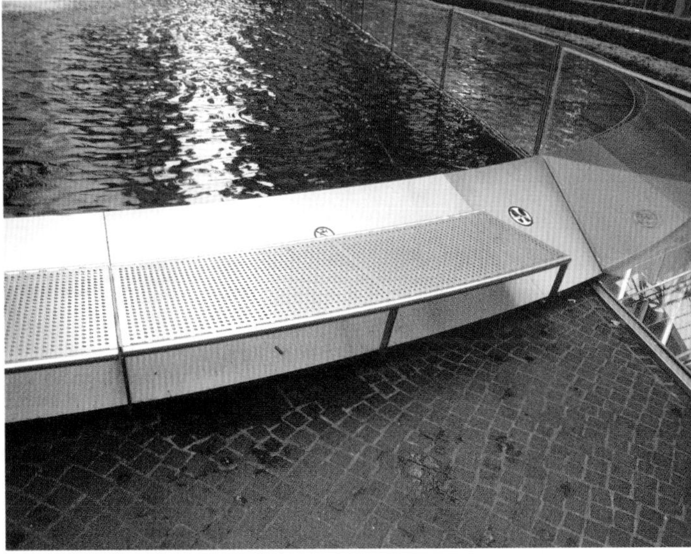

ENVIRONMENTAL DESIGN

雕塑与座椅

A MATTER OF STYLE
AMERICAN SALON & DAY SPA
RECYCLE
RECYCLE

ENVIRONMENTAL DESIGN

雕塑与座椅

ENVIRONMENTAL DESIGN

雕塑与座椅

ENVIRONMENTAL DESIGN

雕塑与座椅

ENVIRONMENTAL DESIGN

雕塑与座椅

ENVIRONMENTAL DESIGN

雕塑与座椅

ENVIRONMENTAL DESIGN

雕塑与小品

ENVIRONMENTAL DESIGN

雕塑与小品

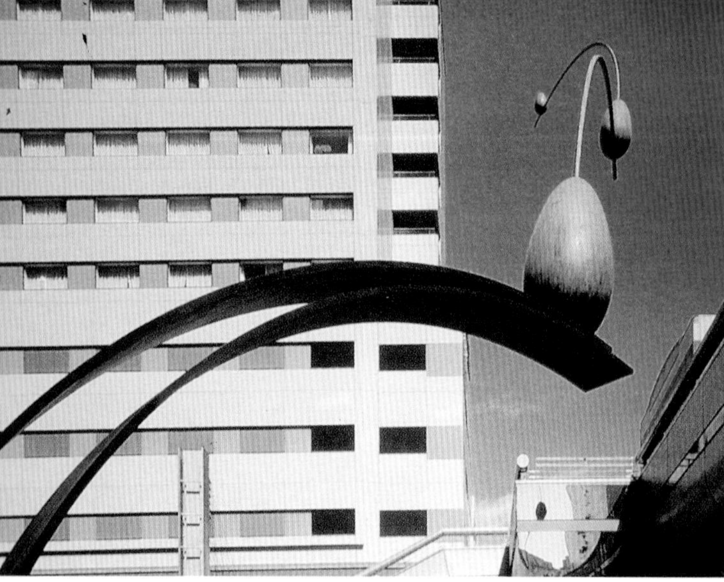

ENVIRONMENTAL DESIGN

雕塑与小品

ENVIRONMENTAL DESIGN

雕塑与建筑小品

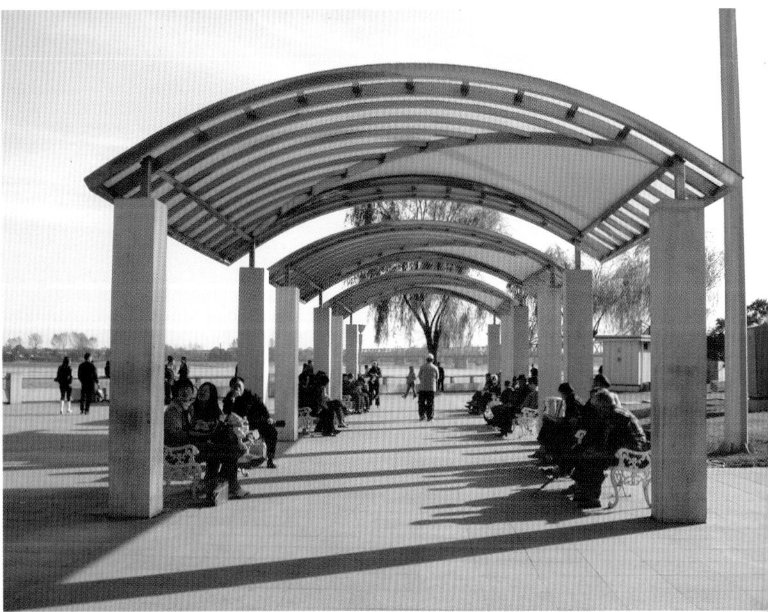

ENVIRONMENTAL DESIGN

雕塑与小品

ENVIRONMENTAL DESIGN

广场雕塑

ENVIRONMENTAL DESIGN

水体与绿化

ENVIRONMENTAL DESIGN
水体与绿化

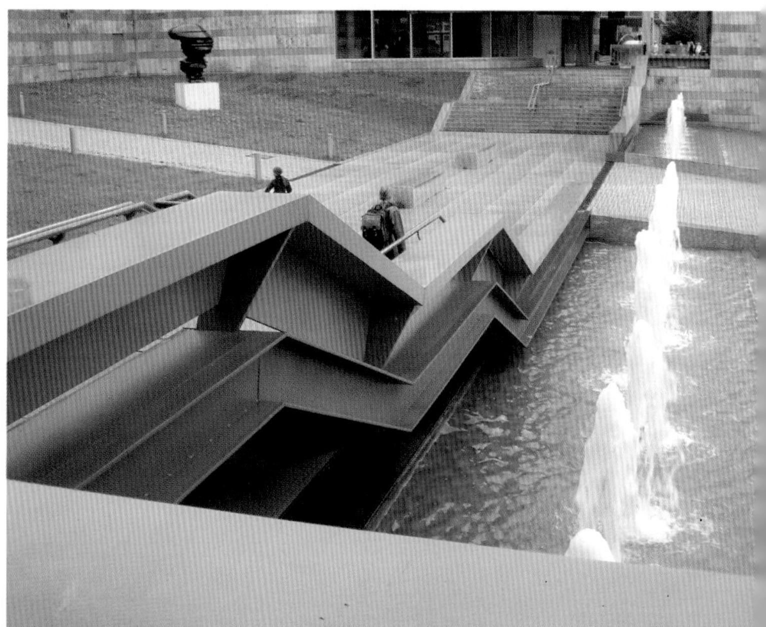

ENVIRONMENTAL DESIGN

水体与绿化

ENVIRONMENTAL DESIGN

水体与绿化

ENVIRONMENTAL DESIGN

水体与绿化

ENVIRONMENTAL DESIGN

水体与绿化

ENVIRONMENTAL DESIGN
水体与绿化

ENVIRONMENTAL DESIGN

水体与照明

ENVIRONMENTAL DESIGN

整体景观设计《气壮山河》

参考文献

梁雪　肖连望：《城市空间设计》天津大学出版社，2000

张永刚　陆卫东译：《街道与广场》中国建筑工业出版社，2004

王珂等著：《城市广场设计》东南大学出版社，1999

刘永德等著：《建筑外环境设计》中国建筑工业出版社，1996

洪亮著：《城市设计历程》中国建筑工业出版社，2002

彭一刚著：《建筑空间组合论》中国建筑工业出版社，1998

夏祖华　黄伟康著：《城市空间设计》东南大学出版社，1994

梁永基　王莲清主编：《道路广场园林绿地设计》中国林业出版社，2001

安昌奎　韩志丹著：《外部空间设计》辽宁科学技术出版社，1995

毛培琳　李雷著：《水景设计》中国林业出版社，1993

杨曾宪：《城市》2004年1期

纪念馆及艺术画廊，贝思出版有限公司，江西科学技术出版社，2001

Boehm, Debbi. *Ground Signs.* (1992). New York: Van Nostrand International.

Child, Kevin. *Shopping Centers and Malls.* (1998). New York: Retail Reporting Corporation.

Morris, William. *The Great Designs.* (2001). Auckland: Hearst Book International.

Tiley, Mary. *Masters of Interior Design.* (1999). Toronto: Indecs Publishing Inc.

Tonelli, Larry. *Illuminated Awnings.* (2000). Sydney: Robert Silver Associates.